无所畏惧

颠覆你内心的脆弱

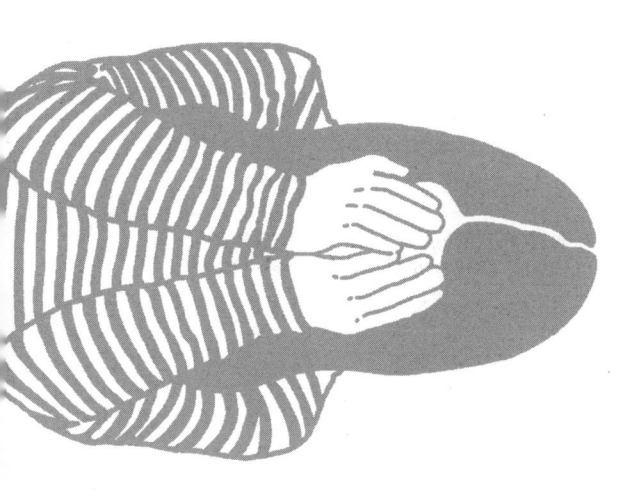

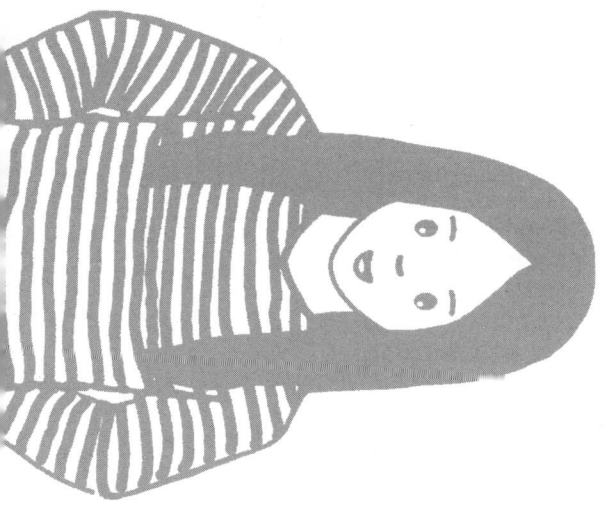

DARING GREATLY

[美] 布琳·布朗 著

胡敏 译

北京联合出版公司

图书在版编目（CIP）数据

无所畏惧：颠覆你内心的脆弱 /（美）布琳·布朗著；胡敏译. -- 北京：北京联合出版公司，2020.5（2021.5 重印）
ISBN 978-7-5596-3570-9

Ⅰ.①无… Ⅱ.①布…②胡… Ⅲ.①人生哲学 – 通俗读物 Ⅳ.① B821-49

中国版本图书馆 CIP 数据核字（2020）第 035034 号

北京市版权局著作权合同登记 图字：01-2019-6029 号

Daring Greatly
Copyright©2012 by Brené Brown
All rights reserved including the right of reproduction in whole or in part in any form.
This edition published by arrangement with Avery, an imprint of Penguin Publishing Group, a division of Penguin Random House LLC.

无所畏惧：颠覆你内心的脆弱

作　　者：[美] 布琳·布朗
译　　者：胡　敏
责任编辑：喻　静
特约编辑：郭　梅
产品经理：范　榕
封面设计：UNLOOK · @ 广岛 Alvin
内文排版：杨莉芳

北京联合出版公司出版
（北京市西城区德外大街 83 号楼 9 层 100088）
北京联合天畅文化传播公司发行
天津中印联印务有限公司印刷　新华书店经销
字数 200 千字　880 毫米 ×1230 毫米　1/32　9.25 印张
2020 年 5 月第 1 版　2021 年 5 月第 3 次印刷
ISBN 978-7-5596-3570-9
定价：52.00 元

版权所有，侵权必究
未经许可，不得以任何方式复制或抄袭本书部分或全部内容
如发现图书质量问题，可联系调换。
质量投诉电话：010-88843286 / 64258472-800

无所畏惧是什么意思？

Daring Greatly（**无所畏惧**）这个词出自西奥多·罗斯福（Theodore Roosevelt）的演说《共和国的公民意识》（*Citizenship in a Republic*）。1910年4月23日，他在法国巴黎的索邦大学发表了这篇著名演讲，它的另一个名字是"荣誉属于真正在竞技场上拼搏的人"。其中最脍炙人口的段落如下：

It is not the critic who counts; not the man who points out how the strong man stumbles, or where the doer of deeds could have done them better.

（重要的从来不是那些批评者；不是那些指责强者跌倒的人，也不是那些挑剔实干家没有做到最好的人。）

The credit belongs to the man who is actually in the arena, whose face is marred by dust and sweat and blood; who strives valiantly; who errs, who comes short again and again, because there is no effort without error and shortcoming; but who does actually strive to do the deeds; who knows great enthusiasms, the great devotions; who spends himself in a worthy cause; who at the best knows in the end the triumph of high achievement, and who at the worst, if he fails, at least fails while daring greatly...

（荣耀属于真正站在竞技场上拼搏的人，他们的脸上沾满灰尘、汗水与鲜血；他们顽强奋战，敢于犯错，屡败屡战，因为没有任何努力不是伴随着犯错和缺陷的；但他们依然坚持不懈，他们懂得满腔热忱与倾力拼搏的意义；他们献身于崇高的事业，他们知道最好的结果是功成名就，就算最终以落败收场，至少他们败得无所畏惧……）

第一次看到这段话时，我想，这就是敢于脆弱的表现。十多年来，我在关于脆弱的研究中领悟到的一切都浓缩在这段话里。脆弱不是了解成功或失败的含义，而是明知成与败都是人生的必修课，依然选择全心全意地投入生活，充满勇气地走入人生的竞技场。

脆弱不是软弱，我们每天必须面对的不确定性、风险和情绪暴露都是无法避免的。我们唯一能做的就是投入。我们越是愿意承认内心的脆弱，正视脆弱，我们就会越勇敢，生活目标也会越明确；如果不敢展现脆弱的一面，我们内心的恐惧以及与外界的疏离会日益加深。

如果我们终其一生都在等待，等待我们变得足够完美，或强悍到刀枪不入，才敢迈进竞技场，那么，我们最终会错失很多无法挽回的关系和机会，我们将浪费宝贵的时间和天赋，错失只有我们自己才能做出的独特贡献。

"变得完美"和"刀枪不入"的确诱人，但这不是人类能够做到的。我们需要带着勇气和参与的意愿走进人生竞技场，无论是面对新的关系、重要的会议、创作过程，还是不愉快的家庭对话。比起坐在场外的观众席上对别人评头论足，我们更应做的是勇敢展现自我，让别人看到我们的内心。这就是敢于展现脆弱的表现，也是无所畏惧。

让我们一起探索以下问题的答案吧：

- 是什么让我们害怕展现脆弱？
- 面对脆弱，我们如何保护自己？
- 如果我们封闭自我，脱离社会，会付出什么代价？
- 我们如何通过感知脆弱、与脆弱和解来改变我们的生活、爱情、教育和领导方式？

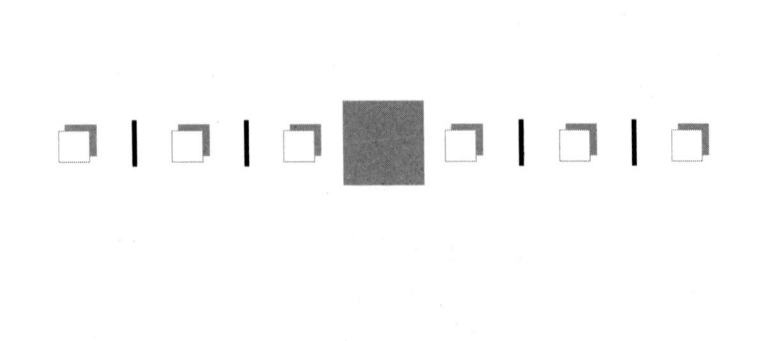

目　录
Contents

导言 我的竞技场冒险 / 1

CHAPTER 1　匮乏感：审视我们的"永远不够"文化

从脆弱的角度分析"自恋狂" / 19

匮乏感：问题出在"永远不够" / 22

匮乏感的根源 / 24

CHAPTER 2　认清对脆弱的误解

误解 1："脆弱就是软弱" / 30

误解 2："我不想展现脆弱" / 40

误解 3：展现脆弱就是毫无保留 / 42

误解 4：我们能做"独行侠" / 50

CHAPTER 3　理解并克服羞耻感（又名"忍者勇士训练"）

在同一本书里讲述脆弱和羞耻感！

你是想杀了我们吗？

还是说这是黑魔法防御术？／ 56

什么是羞耻感？为什么它那么难以启齿？／ 66

分清羞耻、内疚、羞辱和尴尬／ 69

我明白了，羞耻感是消极的。所以，我该怎么办？／ 73

网与箱：男人和女人的羞耻感存在差异／ 83

女人和羞耻网／ 86

男人的羞耻感体验／ 92

不要理睬躲在幕后的人／ 96

愤怒或沉默不语／ 98

我们对自己和对他人一样苛刻／ 100

与背部脂肪无关：男人、女人、性和身材／ 104

那些我们永远无法收回的话／ 107

变得真实／ 110

CHAPTER 4　防卫脆弱的"武器库"

告诉自己"我已经够好了"／ 118

常见的防卫脆弱的方法／ 121

关怀和滋养我们的心灵／ 152

较不常见的防卫盾牌 / 157

创伤与无所畏惧 / 164

CHAPTER 5 小心间隙：弥合疏离的鸿沟

战略 VS 文化 / 182

疏离的鸿沟 / 185

CHAPTER 6 破坏性投入：敢于将教育和职场重新人性化

在"永远不够"的文化中领导者所面临的挑战 / 194

承认并克服羞耻感 / 197

羞耻感已渗入文化中的迹象 / 198

推卸责任 / 205

掩盖问题 / 206

利用反馈，关注鸿沟 / 207

坐在桌子的同一边 / 213

敢于展现脆弱 / 217

CHAPTER 7 全心投入的亲子教育：父母要敢当孩子的榜样

在"永远不够"的文化背景下，如何养育子女 / 226

了解并战胜羞耻感 / 231

关注鸿沟：支持孩子就是相互支持 / 241

关注鸿沟和归属感 / 244

敢于展现脆弱 / 251

结　语 / 259

附　录 / 262

感恩练习 / 272

参考文献 / 275

导言
我的竞技场冒险

我看着她说："我讨厌该死的脆弱。"我对面是一位心理医生，我确信她以前遇到过很多更艰难的案例。她越早知道自己在面对什么，我们就能越快结束治疗。"我讨厌不确定性。我讨厌不知情。我无法忍受敞开心扉后感受到的受伤或沮丧。这太折磨人了。脆弱很难对付，而且令人痛苦。你懂我的意思吗？"

戴安娜点了点头。"是的，我了解脆弱。我很了解这种感受。它是一种细腻的情感。"她抬头微笑，仿佛在描绘一幅非常美丽的画面。我的表情肯定很困惑，因为我实在无法想象那是什么样的画面。我突然担心我们会不会有沟通问题。

"我是说脆弱折磨人，不是说它细腻，"我急着解释，"我先声明，如果我不是在研究展现脆弱与全心投入生活的关系，我就不会来这儿了。我讨厌它带给我的感觉。"

"那是什么感觉?"

"就好像被吓了一大跳,感觉我必须解决眼前发生的事,让情况好转。"

"如果你做不到呢?"

"那我就很想给谁一巴掌。"

"你会这么做吗?"

"不会,当然不会。"

"那你会怎么做呢?"

"打扫房间;吃花生酱;责怪别人;把身边所有的事都做到无可挑剔;控制一切我能控制的。"

"你什么时候觉得自己最脆弱?"

"害怕的时候。"我抬头看着戴安娜,她正用恼人的停顿和点头动作示意我说出内心的挣扎,这是心理医生的惯常做法,"当我对事情的进展感到焦虑和不确定,或者跟别人沟通不畅的时候;当我尝试新事物、做一些让自己不自在的事的时候,或者面对批评和指责的时候。"戴安娜点点头以示同情。我继续说道:"当我想到我有多爱我的孩子和史蒂夫的时候,想到如果他们发生什么事,我的生活就完了的时候;当我看到我在乎的人备受煎熬,而我无法帮他们或让情况好转,能做的只有陪伴的时候。"

"我明白。"

"如果事情太美好或太糟糕,我就会提心吊胆,会很脆弱。

我希望自己能喜欢它的细腻,可现在我只能感觉到它的折磨。这种情况可以改变吗?"

"可以,我相信会改变的。"

"你能布置一些作业或者别的什么吗?我应该查查资料吗?"

"没有资料也没有作业。我们这儿既不设任务,也不设奖励。少思考,多感受。"

"我能在不感到脆弱的情况下变得敏锐吗?"

"不能。"

"那可真是太可怕了。"

如果你对我写的其他书、我的博客或网上疯传的 TED 视频一无所知,那么我可以先介绍一下自己。如果因上面我提到心理医生而让你觉得不自在,请跳过前面的内容直接阅读附录里提到的研究过程。我一生都在努力远离脆弱,战胜脆弱。我是第五代得克萨斯人,我们家族的座右铭是**"子弹上膛,准备战斗"**(lock and load),所以,我从骨子里厌恶不确定性,厌恶袒露情绪。念中学的时候,我开始培养并磨炼远离脆弱的技能,那时恰好是我们大多数人开始与脆弱展开较量的时候。

随着时间的推移,我尝试着在不同阶段体验不同的人生。我按照"表现—完美—取悦"的惯例扮演过"好女孩",还体验过吸丁香烟的诗人、愤怒的社会活动家、职场攀爬者和放纵派对女郎的生活。这些看起来似乎是合理的人生发展阶段,但对我而言，它们不仅仅止于表面。我在前述的所有阶段都穿着不同的盔甲，确保自己不会过于投入，也不会过于脆弱。我的每一种策略都设有相同的前提：**与每一个人都保持安全距离，并且确保随时可以全身而退。**

除了对脆弱的恐惧，我还继承了父母豁达的心态和感同身受的共情力。于是，快三十岁的时候，我先是辞去了美国电话电报公司（AT&T）的管理职位，找了一份服务员和酒吧招待的工作，后来又重返学校成了一名社会工作者。我永远不会忘记在面见AT&T老板递交辞呈时，她当时的反应："让我猜一下。你是想辞职去当一名社工，或者去重金属舞会（Headbanger's Ball[①]）当个音乐节目主持人？"

像许多钟情于社会工作的人一样，我很喜欢解决人和制度的问题。然而，在拿到社会工作专业学士学位（BSW）、即将获得该专业硕士学位（MSW）时，我发现社会工作并不是解决问题的。不管是过去还是现在，它都与"融入环境"和"体验"有关。社会工作就是让你去体验模糊性和不确定性所带来的不适，打开一个移情空间，让人们能够从中找到适合自己的处世方式。总而言之，社会工作非常棘手。

就在我苦苦思索如何才能在社会工作方面有所建树时，学校里的一位研究员的话引起了我的注意。他说："如果你无法测量

---

① 一档音乐电视节目，曲风偏重金属。——译者注

它，它就不存在。"他解释说，与项目中的其他课程不同，研究都是关于预测和控制的。我被这番话打动了。也就是说，我可以用整个职业生涯去预测和控制，而不仅仅是参与和支持？我找到了我的使命。

一路从社工本科、硕士到博士的求学生涯，让我对一件事确定无疑：**我们活着，就是为了彼此间的联结**。我们天生就想和他人建立关系，与他人的亲密关系给了我们人生目的和意义，如果没有这种联系，我们的社会生活将充满痛苦。于是，我想深入剖析关系的本质。

研究人际关系是一个简单的想法，但在明白这一点之前，我曾被受访者的言论误导过。当我让他们谈谈自己最重要的亲密关系和经历时，他们反复提到的却是悲伤、背叛和羞耻——害怕自己不值得和他人建立真正的联结。我们人类给某个事物下定义时，倾向于用其对立面来定义它。这一点在定义情感体验时尤为明显。

于是，我意外地成了一名羞耻感和同理心的研究者。我耗时六年建立了一个理论，解释什么是羞耻感、它如何发挥作用，以及我们如何在认为自己"不够好"的情况下培养复原力。**所谓的"不够好"，指的是认为自己不配拥有爱和归属感**。2006年，我意识到，我还必须了解羞耻感的另一面："那些最容易从羞耻感中复原的人，那些相信自己的价值的人——我称他们为'全心投入的人'——有什么共同之处？"

我非常希望答案是这样的："他们是羞耻感的研究者。要做到全心投入，你必须对羞耻感多做了解。"可惜，我没猜对。"全心投入"是自信地参与世界的一种方式，而了解羞耻感只是对全心投入有所帮助罢了。在《不完美的礼物》（The Gifts of Imperfection）一书中，我定义了全心投入生活的十大准则，指出要做到全心投入，我们必须培养什么和放弃什么：

1. 培养真实感：不去理会别人怎么想。
2. 培养自我关爱：放弃完美主义。
3. 培养坚忍的心智：放弃麻木和无力感。
4. 培养感恩和快乐之心：放弃空虚感和对忧郁的恐惧。
5. 培养直觉，坚守信念：放弃对确定性的执念。
6. 培养创造力：放弃攀比。
7. 培养适时玩乐和休息的习惯：不再认为忙碌是身份的象征，也不再认为生产力能代表自我价值。
8. 培养平静安宁的心态：放弃焦虑的生活方式。
9. 培养有意义的工作习惯：不再自我怀疑，不再坚持"非做不可"。
10. 培养欢笑、歌唱和跳舞的习惯：不再装酷，不再"掌控一切"。

在分析资料时，我发现自己只做到了其中两个。这对我来说是毁灭性的打击，它发生在我 41 岁生日的前几周，并引发了我的中年危机。事实证明，理智地处理这些问题，与全心全意地生活和爱是不一样的。

我在《不完美的礼物》中详细阐述了全心投入的意义，以及随之而来的"精神觉醒"（breakdown[①]）。但我想在本书中分享的是全心投入生活的定义，以及上述十大准则中五个最重要的主题，正是这些主题引领我取得了突破。希望这能让你对未来有个大致的了解。

全心投入生活，也就是自信地参与生活，它意味着我们要培养勇气、同理心和人际关系，让自己在早晨醒来时思考：**无论我做了什么，还有多少没做，我都已经够好了。晚上临睡前再思忖：是的，我不完美，我很脆弱，有时还会害怕，但这并不会改变我很勇敢、值得被爱和拥有归属感这些事实。**

这个定义基于以下这些基本理念：

1. 爱和归属感是所有男人、女人和孩子不可削减的需求。我们天生就互相联结——人际联结赋予我们的生活目的和意义。如果没有爱、归属感和人际联结，我们就会感到痛苦。

2. 如果将所有受访者粗略地分成两组——一组能感受

[①] 作者因察觉到内心的脆弱而"精神觉醒"，戏称为"breakdown"，即"精神崩溃"的反面。——译者注

到深刻的爱意和归属感，另一组很难体验到这种感受——那么只有一个可变因素能将他们区分开来：那些感觉被爱的人、那些大胆去爱的人和那些有归属感的人，只是相信自己值得拥有爱和归属感而已。他们并没有生活得更优越或更轻松，他们与成瘾或抑郁的斗争也并不比别人少，他们也曾受伤害，破产或离婚也会给他们带来巨大的伤痛，但当经历这些苦难时，他们依然能够坚信自己值得拥有爱、归属感和快乐。

3. 对自我价值形成坚定的信念并不简单——只有在我们依照准则进行日常练习时，它才会形成。
4. 全心投入的人最关注的是，要过一种由勇气、同理心和人际联结所定义的生活。
5. 全心投入的人将脆弱视为勇气、同理心和人际联结的催化剂。事实上，敢于脆弱已经成了所有全心投入的人所共有的最明确的价值观。他们将一切——包括事业上的成功、婚姻和最自豪的亲子教育时刻——都归因于他们愿意展现脆弱的能力。

我在以前的书里写过脆弱，甚至在学位论文里用一章的篇幅阐述过脆弱。从研究初期开始，我就把包容脆弱视作一个重要的类别。我还去了解了脆弱和我研究过的其他情绪之间的关系。但在之前的书里，我认为脆弱和羞耻感、归属感、价值感等不同概念之间的关系只是巧合。经过十二年的深入研究，我终于明白了脆弱在我们生活中所扮演的角色。**脆弱，是一切有意义的人类经历的核心。**

这个新发现将我逼入了两难的境地：一方面，怎样才能在不表现出脆弱的情况下，真诚而有意义地谈论脆弱的重要性？另一方面，如何在不牺牲科研精神的前提下表现出脆弱呢？说实话，我认为情感上的可接近性会让研究人员和学者感到羞耻。在早期接受培训时，我们就被告知，冷淡的距离感和难以接近会给我们带来声望，如果你太容易被接近，你的资历就会受到质疑。虽然在大多数场合被贴上"学究气"的标签是一种侮辱，但在象牙塔里，我们被教导要把"学究气"这个标签当作一套盔甲来穿。

我怎么能冒着展现脆弱的风险，通过这项研究讲述自己混乱的经历，而不让自己看起来像个怪人呢？那我的职业盔甲呢？

2010年6月，我应邀在TEDx休斯敦发表演讲，这是我"无所畏惧"的时刻，就像西奥多·罗斯福曾鼓励公民做的那样。TEDx休斯敦是以TED为原型的独立组织策划的众多活动之一，TED是一个非营利组织，致力于传播技术、娱乐和设计领域一切值得传播的创意。TED和TEDx的组织者聚集了"世界上最杰出的思想家和实干家"，要求他们在18分钟或更短的时间内讲述自己的人生。

TEDx休斯敦主办方与我所认识的其他任何活动组织者都不一样。邀请一名羞耻感和脆弱的研究者登台演讲，会让大多数组织者有些紧张，还会迫使一些组织者对演讲内容有所规定。当我询问TEDx的组织者他们希望我讲些什么内容时，他们回答说："我们喜欢你的工作。只要是你感觉很棒的事情都可以聊——说你想说的就好。我们很高兴能与你共度这一天。"说实在的，我不知道他们是如何下定决心让我尽情发表演讲的，因为在那次演讲之前，我自己都不知道有什么事是可以拿出来聊的。

那个可以自由发挥的邀约让我既欢喜又烦忧。我又回到了焦虑不安的状态，一边是不适区，一边是"预测和控制"这两个老友提供的避难所，我进退两难。最后，我还是决定硬着头皮上阵。老实说，我都不知道自己会陷入什么境地。

我之所以做出无畏挑战的决定，与其说是源于自信，倒不如说是源于对所做研究的信心。我知道我是一个优秀的研究人员，我相信自己从数据中得出的结论是有效且可靠的。脆弱能把我带到我想去或者可能需要去的地方。我还说服自己，这没什么大不了的：那里是休斯敦，来听我演讲的都是家乡的观众。最惨的情况不外乎被现场的500名观众外加守在电视机前观看直播的一些观众当成疯子罢了。

演讲结束后的第二天早上，我醒来时发现自己人生中最糟糕的一次脆弱经历的后遗症还没消散。你明白那种感觉吧？就是当你醒来的时候，感觉一切都很好，直到你打开记忆的大门，那一幕幕画面向你迎面袭来，你是不是恨不得把自己蒙在被窝里？我做了什么？现场的500名观众肯定以为我疯了，这真是糟透了。演讲时我把两件重要的事给忘了。我真的有一张幻灯片上写着"breakdown"（精神崩溃）这个词来强化我一开始就不该讲的故事吗？我得离开这个城市。

然而，我无处可逃。演讲结束半年后，我收到了一封来自TEDx休斯敦主办方的电子邮件，他们在邮件里祝贺我，因为我那次演讲将会出现在TED的主要网站上。我知道这是一件好事，甚至是一项梦寐以求的荣誉，但我很害怕。首先，我刚刚接受"只有"500人把我当疯子这个想法。其次，在一种到处都是愤世嫉俗者和吹毛求疵者的文化中，我在工作中已习惯低调行事，而且一直都比较有安全感。回顾过去，我不确定，如果我知道那段关于脆弱和让别人看到自己的重要性的视频在网上疯传，会让我感到如此不舒服的（且让人哭笑不得的）脆弱和不安全，我会如何回复那封电子邮件。

今天，那段演讲已成为TED网站上最受欢迎的演讲之一，点击量超过500万次，还被翻译成了38种语言。我从没看过那段视频。我很高兴自己勇敢地尝试了，但那次经历仍然让我感觉很不舒服。

在我看来，2010年是TEDx休斯敦的演讲之年，而2011年是巡回演讲的一年。我的足迹遍及全国，听众从财富500强企业、领导力培训师、军队到律师、育儿组织和学区团体等。

2012年，我应邀在加利福尼亚州长滩举办的TED大会上做另一场演讲。对我来说，2012年的演讲使我有机会分享我的研究成果，而这些成果实际上是我所有研究的基石和跳板——我讲述了羞耻感，以及如果我们真的想做到无畏挑战，该如何理解并克服羞耻感。

这次分享研究成果的经历促使我写了这本书。在与出版商讨论了出版一本商业书和/或一本育儿书，外加一本教师用书的可能性后，我意识到，其实只需要出一本书，因为无论我讲什么，或者对谁讲，核心问题都是不变的，那就是：**恐惧、疏离和对更多勇气的渴望。**

我针对企业做的演讲几乎总把重点放在激发领导力或创造力、革新力上。上至C级高管下至一线员工，他们每个人跟我谈论的最重要的问题都源于疏离、缺乏反馈、在急剧变化的环境中站稳脚跟的恐惧，以及明确目标的需求。如果我们想重新点燃创新能力和激情，就必须使工作重新人性化。当人们对羞耻感的恐惧被用作一种管理手段时，参与感就会消失。如果无法容忍失败选项，我们就会忘记学习、创新和改革。

说到养育子女，将父母定性为好或坏的做法甚嚣尘上，且危害性大——这种做法将养育子女变成了一场羞耻感的严苛考验。对父母来说，他们真正应该接受的拷问是"你陪孩子了吗？你关注孩子了吗？"。如果答案是肯定的，那就接着大胆犯错，别怕再做出什么错误的决定。当孩子看着我们努力找出问题出在哪里，以及我们下一次如何做得更好时，那些并不完美的亲子教育时刻就变成了珍贵的礼物。我们的使命不是完美无缺地养育快乐的孩子。完美是不存在的，我发现，若想让孩子快乐，就不要一味要求他们准备好成为勇敢、忙碌的成年人。学校也是如此。我还没有遇到过任何不是由于父母、老师、管理层和/或学生间的疏离，以及利益相关者之间的冲突造成的问题。

我发现，我的工作中最困难且最值得的挑战是如何成为一个地图绘制者和旅行者。我绘制的关于羞耻感复原力、全心投入和脆弱的地图（或理论）并非源自我自己的旅行经验，而是来自我过去十几年收集的资料——那是成千上万名男男女女的亲身经历，他们正在开辟道路，并沿着主宰自己人生的方向前进。主宰自己的人生，也是我和许多人的心愿。

多年来，我渐渐明白，一个脚踏实地、充满自信的地图绘制者，并不是一个行动敏捷的旅行者。我一路跌跌撞撞，发现自己必须不断地改变路线。尽管我努力遵循自己绘制的地图前进，但很多时候还是会被沮丧和自我怀疑打败，我把地图揉成一团，塞进厨房的垃圾桶。从痛苦到敏锐，这个过程并不容易，但对我来说，迈出的每一步都是值得的。

我们所有人的共同点——它也是过去几年我一直在与领导者、父母和教育工作者沟通的内容——就是构成本书核心的事实：**我们知道什么固然重要，但相比之下，我们是谁更加重要。**我们要做的不只是认识自我，还需要走出去，让别人看见真正的自己。这就要求我们无所畏惧,敢于展现内心的脆弱。这个过程的第一步是了解我们在哪里、我们在面对什么,以及我们需要去哪里。我认为,我们最好审视一下我们无处不在的"永远不够"这种文化。

CHAPTER

1

匮乏感：
审视我们的"永远不够"文化

在过去的十二年里，我们一直在做这样的研究，眼睁睁地看着匮乏感蹂躏我们的家庭、企业和社群。我想说的是，我们有一个共同点，那就是我们都已经厌倦了恐惧。我们想变得无所畏惧。那些所有人都耳熟能详的话题，比如"我们应该害怕什么？""我们应该责怪谁？"，令我们无比厌恶。我们都希望自己变得勇敢。

"抡起九尾猫，鞭笞自恋狂。"

诚然，这不是我在舞台上最能言善辩的时刻。我也无意冒犯任何人，但若是真有人惹恼我或者阻挠我，我还是会拿前人灌输给我的那些话回敬。我摇摆不定，我的生活陷入了困境，我得经常"解决问题"。这些倒退通常发生在家里，或者我和家人、朋友在一起的时候，但偶尔，在我心情不好的时候，它们会偷偷溜上舞台。

我在生活中听说过也使用过"抡起九尾猫"这种表达方式，但我并没有意识到，原来上千名观众中有很多人都以为我是在用一只真正的猫攻击那些自以为是的家伙。很多观众给我发来电子邮件，告诉我虐待动物不符合我关于脆弱和联结的言论，我在回信中为自己辩解，我保证这一表达与动物没有任何关系。这其实是英国海军的一种说法，表达的是在一艘船的狭小空间里抡九尾鞭①的难度。我知道，这样说的确不太妥。

这句话出现在一个特别的场合，当时一位女士在观众席里大声喊道："如今的孩子都觉得自己很特别。是什么让这么多人变成了自恋狂？"我的回答不太妥，几乎有些自作聪明。我说："是啊。要鞭笞自恋狂，就得抡起九尾猫。"但这源于一

---

① 旧时英国海军中盛行的鞭刑工具。这种鞭由九根皮绳组成，人称"九尾猫"。——译者注

种挫败感，每当我听到大家说"自恋"这个词，这种挫败感就会出现。

"玩'脸书'的人太自恋了。""为什么人们认为他们所做的事情如此重要？""今天的孩子都是自恋狂。""他们总是说：'我……我……我……'""我的老板也是个自恋狂。她总认为自己比别人好，总是贬低别人。"

外行人将态度傲慢、行为粗鲁等问题的根源一律归结为"自恋"，而研究人员和专业人士正在用各种可能的方式测试"自恋"这种说法的适用范围。最近，一组研究人员对三十年来的热门歌曲进行了计算机分析，然后报告了流行音乐中自恋和敌对情绪的显著变化趋势。与他们的假设相符的是，他们发现"我们"这个词的使用频率降低了，而"我"这个字的使用频率上升了。

研究人员还报告说，与社会联系和积极情绪相关的词语的使用频率有所下降，而与愤怒、反社会行为（如"仇恨"或"杀戮"）相关的词语的使用频率有所上升。该研究的两名研究人员简·腾格（Jean Twenge）和基斯·坎贝尔（Keith Campbell）是《自恋时代》（*The Narcissism Epidemic*）一书的作者。他们认为，在过去十年里，自恋型人格障碍在美国的发病率翻了一倍多。

我祖母说，这个世界似乎越来越没救了。

真是这样吗？我们身边都是自恋狂吗？**我们的文化是否真的成了自私固执、自命不凡，只对权力、成功、美丽和与众不同感兴趣的人的文化？** 我们是否真的有资格相信自己比别人更优秀，即使我们没有真正做出贡献或者取得任何有价值的成就？我们真的缺乏必要的同理心，没法做到同情他人、关心他人吗？

如果你像我一样，你可能会稍微有些不安，然后陷入沉思："是的，这正是问题所在。不同意我的观点也无妨。但总的来说……这些听起来好像是对的。"

有一个解释的话，会让人感觉好点，尤其是一个能让我们的自我感觉变好，并把责任推给其他人的解释。事实上，我听到人们每次在谈及自恋话题时，总表现出轻蔑、愤怒和评判的意味。坦白说，在写这段话的时候，我甚至也有这种感觉。

我们的第一倾向是通过挫其锐气来惩治"自恋狂"。不管受访者是老师、家长、首席执行官还是我们的邻居，他们的反应都是一样的：这些自大狂必须得知道他们并不特别，他们没有那么棒，他们没资格当"万事通"，他们需要做的是别自视甚高。根本没人在乎他们。（这是适用于大众的版本。）

这就是棘手的地方。它不仅令人沮丧，甚至有些令人伤心。自恋这个话题已经渗透到我们的社会意识中，以至大多数人都将它与一种行为模式准确地联系起来，这种行为模式包括狂妄自大、四处寻求仰慕和缺乏同理心。令人难以理解的是，在这种诊断中，每一级的严重程度究竟是如何被羞耻感强化的。也就是说，我们无法通过打击自恋狂的气焰，以及提醒他们其本身存在的不足和渺小来"解决问题"。**羞耻感更有可能是自恋行为的原因，而不是治愈它的方法。**

从脆弱的角度分析"自恋狂"

那些挣扎者的自恋行为是受环境影响或后天形成的，而非基因或遗传因素所致，诊断和贴标签的做法对治愈或改变自恋行为来说，弊远大于利。只要涉及流行病，除非我们说的是身体上的传染病，否则原因更有可能是环境因素，而不是身体内部的问题。"太糟糕了。我太糟糕了。"这样给问题贴上标签，某种程度上是将问题归咎于当事人本身，而不是他们所做的选择，这让我们所有人都得以推卸选择的责任。我坚信人们应该为自己的行为负责，所以，我并不是在说要"把责任归咎于制度"，而是说要分析根本原因，这样才能解决问题。

识别行为模式并理解其可能代表的含义通常很有用，但这与通过诊断来定义一个人有很大不同，这一点我深信不疑，而且研究表明，这种诊断往往会加剧羞耻感，阻止人们寻求帮助。

我们需要了解这些趋势和影响，但我发现，从脆弱的角度来看待行为模式会更有帮助，甚至在很多情况下更具有变革意义。例如，**当我从脆弱的角度看待自恋行为时，我发现了人们对平凡的恐惧，而这种恐惧正是源于羞耻心理。**我看到这样一种恐惧——害怕自己永远不够出众，不足以吸引别人的目光，无法讨人喜欢，无法拥有归属感，或者无法培养使命感。有时，把问题人性化的简单做法会给他们带来重要的影响，一旦被贴上污名化标签，这种积极影响就会消失。

自恋的这种新定义为我们提供了清晰的解释，阐明了问题的根源和可能的解决方案。我可以清楚地看到，为什么越来越多的人在纠结如何让自己获得满足感。**我看到四处都在传递这样的文化讯息：平凡的生活没有意义。**我还看到，在电视真人秀、明星文化和缺乏监管的社交媒体的熏染下长大的孩子，吸收着这些不良信息，形成了一种完全扭曲的世界观：我优秀与否取决于我在脸书或 Instagram 上获得的"点赞"次数。

因为我们都很容易受到驱动这些行为的信息传输系统的影响，所以，这个新视角会过滤掉"我们与那些该死的自恋狂"这种消极信息。我知道那种想相信自己所做的事情很重要的渴望，也知道这种渴望很容易与想与众不同的渴望混淆。我知道用明星文化的尺度来衡量我们生活的琐碎是多么诱人。我也明白，狂妄自大、享受权利和寻求仰慕的感觉就像一种恰到好处的润滑剂，可以缓解过于平凡和不足的痛苦。是的，这些想法和行为最终会导致更多的痛苦和更多的误解，但**当我们受到伤害，当爱和归属感尚难确定时，我们往往会寻求那些自我感觉能提供给自己最多保护的东西。**

当然，如果我们要找到正确的治疗方法，诊断还是必不可少的。但我想不出一个例子可以证明，不从脆弱的角度去审视我们

CHAPTER 1
匮乏感：审视我们的"永远不够"文化

的挣扎也能从中受益。在思考这些问题时，我们总能有所收获：

1. 定义我们文化的信息和期望是什么？文化如何影响我们的行为？
2. 我们的心理挣扎和行为表现与自我保护有什么关系？
3. 我们的行为、思想、情感是如何与脆弱和强烈的价值感需求联系在一起的？

如果回到之前的问题，即我们身边是否到处都是有自恋型人格障碍的人，我的答案是否定的。这里面有一股强劲的文化影响力在起作用，我认为害怕平凡就是其中的一部分，这种恐惧比文化影响力的作用更加深刻。为了找到恐惧的源头，我们必须摒弃谩骂和贴标签的做法。

我们已经在一些特定的行为上放大了脆弱的视角，但如果我们把这个视角尽可能再拉大些，看到的图景就会改变。我们并没有忽视我们一直在讨论的问题，只是将它们视为更大图景的组成部分。这使我们能够准确地识别这个时代最伟大的文化影响力——**环境。它不仅解释了我们每个人所说的"自恋流行病"，还提供了一幅关于思想、行为、情感的全景图。**这些思想、行为和情感正慢慢改变我们的自我认知和我们对待生活、爱情、工作、教育和人际交往的方式，以及我们的领导、育儿和管理方式。我所说的这种环境就是我们的"匮乏文化"（culture of scarcity）。

匮乏感：问题出在"永远不够"

我的工作有一个重要的部分，就是找到能够准确表达数据并让受访者产生深刻共鸣的语言。我知道，如果人们露出一脸假装听懂的表情，或者用"嗯""听起来挺有趣"之类的敷衍话来回应我脱口而出的术语和定义，我就该结束采访了。受益于我的研究课题，当人们把目光移开，用手快速捂住脸，或者发出"哎哟""闭嘴"或"别来烦我"之类的哀号时，我就明白是怎么回事了。最后一种反馈通常是人们听到或看到"永远不够＿＿＿＿"这一表述时的反应。人们只需要几秒钟就可以从自我经历出发完成填空：

- 永远不够优秀。
- 永远不够完美。
- 永远不够苗条。
- 永远不够强大。
- 永远不够成功。
- 永远不够聪明。

- 永远不够确定。
- 永远不够安全。
- 永远不够出众。

我们感到"永远不够"是因为我们生活在"匮乏文化"中。

我最喜欢的研究匮乏感的作家之一是全球活动家和筹款人琳内·特威斯特（Lyne Twist）。在《金钱的灵魂》（The Soul of Money）一书中，她将匮乏感称为"弥天大谎"。她写道：

> 对大多数人来说，包括我在内，清晨醒来的第一个念头就是"我还没睡够"，下一个念头是"我的时间不够用"。不管正确与否，在我们去质疑或检验它之前，这种"不够"的想法总会自动出现在我们的脑海里。我们一天到晚都在倾听、解释、抱怨或担心我们没有足够的……甚至刚从床上爬起来，脚还没沾地之前，我们就已经觉得什么都不够，觉得自己什么都落后，觉得自己在失去什么或什么都很匮乏了。到了晚上睡觉的时候，我们的大脑仍在不停地运转，想着当天我们没有得到的东西或者没有完成的事情。我们带着这些想法入睡，醒来时仍沉浸在"不够"的想法中……匮乏感产生的内在条件和匮乏感产生的心理状态，存在于嫉妒、贪婪、偏见和与生活的抗争中……

匮乏感是"永远不够"的问题。"scarce"①（匮乏）一词源自古老的诺曼法语"scars"（伤疤），意思是"数量有限"（约公元1300年）。在一种人人都高度意识到"匮乏"的文化中，匮乏感飞速滋长。从安全、爱情到金钱、资源，所有的一切都让人感到受限或匮乏。**我们花了大量时间去计算我们拥有多少、想要多少、缺少多少，还要计算别人拥有多少、需要多少、想要多少。**

这种持续的计算和攀比如此令自我挫败的原因是，我们时常将自己的生活、婚姻、家庭和社群，与难以企及的、由媒体炒作的完美愿景进行比较，或者将自己的现状与幻想中别人的完美生活进行对比。怀旧也是一种危险的比较方式。想想看，我们有多少次拿现在的自己、现在的生活与回忆比较，而这些回忆其实早已被怀旧情绪修改得面目全非，根本就从未真正存在过，我们却由此陷入遐想："记得那时候……正是那些日子……"

匮乏感的根源

在一种文化中，"匮乏感"不会一夜之间根深蒂固。但在容

---

① "scarce"一词的解释出自《韦氏词典》，检索于2012年1月。http://www.merriam-webster.com/dictionary/

易感到羞耻的文化中，"匮乏感"确实会日渐加深。这种"羞耻文化"深深沉浸在攀比中，并因人际关系的疏离而分崩离析。（所谓"羞耻文化"，我并不是说我们对自己的集体身份感到羞耻，而是说，我们当中有足够多的人在努力与价值问题做斗争，而价值问题正在塑造这种"羞耻文化"。）

在过去的十年里，我目睹了美国时代精神的重大转变。我从数据中看到了这一点，坦白说，我从自己所遇到、采访和交谈的人的脸上都看到了这一点。这个世界从来都不是一个安逸的地方，但过去的十年对很多人来说是痛苦的，它改变了我们的文化。从"9·11事件"、频发的战争、经济的衰退，到灾难性的自然灾害，再到突发暴力事件和校园枪击事件的有增无减，我们虽然幸存了下来，但这些事件已经让我们的安全感荡然无存。即使我们没有被直接卷入其中，内心也已经伤痕累累。而说到目前的失业和未充分就业人数，我认为我们每个人都受到了直接影响，或者与受到直接影响的人关系密切。

对匮乏问题的担忧是我们的文化对创伤后压力症的反应。它发生在我们经历了众多事情之后，我们没有选择聚在一起治愈这种伤痛（这需要展现脆弱），而是选择了愤怒、害怕和互相残杀。在这里，承受痛苦的不仅仅是广义的文化，还包括家庭文化、职场文化、学校文化和社群文化等更小的文化。它们有着相同的羞耻方式、攀比方式和疏离方式。匮乏感就是从这些问题中冒出来并持续存在的，直到很多人开始做出不同的选择并重塑他们所属的更小的文化。

以下问题可以为你提供一种方式,帮助你思考匮乏感的三个组成部分,以及它们是如何影响文化的。当你阅读这些问题的时候,要时刻想着你所属的文化或社会体系,无论是你的学校、家庭、社群,还是工作团队,这样做会对你有所帮助。

1. **羞耻**:在你所处的环境中,人们会利用大家对被嘲笑和被轻视的恐惧来管束或掌控大家吗?自我价值是否与成就、生产效率或遵规守矩有关?怪罪和指责经常发生吗?奚落和辱骂现象很严重吗?偏袒呢?追求完美主义吗?

2. **攀比**:健康的竞争是有益的,但在你所处的环境中,是否经常出现公开或隐秘的攀比和排名行为呢?创意是否被扼杀?是否会以狭隘的标准衡量每个人,而不认可个人独特的天赋及其做出的贡献?是否有一种理想的存在方式或一种用来衡量其他人价值的能力评估形式?

3. **疏离**:大家害怕冒险或尝试新事物吗?保持沉默比分享自己的故事、经验和想法更轻松吗?是不是觉得好像没有人真正在关注或倾听?是不是每个人都在努力展现自己,发表意见?

当我看到这些问题，想到我们更广义的文化、媒体和我们的社会—经济—政治格局时，我的答案是肯定的，确实是这样。

联系这些问题，我也认真考量了我的家庭，我发现这些正是我和丈夫史蒂夫每天努力克服的问题。我之所以用"克服"这个词，是因为建立关系、养家糊口、创建企业文化、开办学校或培育宗教团体所需的文化氛围，都与由匮乏感驱动的文化规范背道而驰，我们需要意识到问题的所在，投入其中并想方设法解决……每天如此。**更广义的文化总是在施加压力，除非我们愿意反击，为我们的信仰而战，否则默认现状最终就会演变成一种匮乏状态。每当我们决定挑战由匮乏感主导的社会风气时，都需要唤起心底的"无所畏惧"。**

在生活中，与匮乏相反的并不是富足。其实，我认为富足和匮乏是同一枚硬币的两面。"永远不够"的反义词不是"富足"或"多到超乎想象"。匮乏的对立面是足够，或者我在前文中所说的"全心投入"。正如我在导言中解释的那样，**全心投入有许多原则，但其核心的内容是展现脆弱并相信自己的价值：面对不确定性、不安全感和情感风险时，知道自己"足够好"。**

如果回到之前有关匮乏感的那三组问题，请问问自己，是否会在这些价值观所定义的任何环境中展现脆弱，或者无所畏惧。对我们大多数人来说，答案肯定是"不会"。如果你问自己这些条件是否会有助于培养自我价值，答案肯定还是"不会"。**"匮乏文化"极大地伤害了我们承认自我脆弱的意愿，以及自信参与**

世界的能力。

在过去的十二年里,我们一直在做这样的研究,眼睁睁地看着匮乏感蹂躏我们的家庭、企业和社群。我想说的是,我们有一个共同点,那就是我们都已经厌倦了恐惧。我们想变得无所畏惧。那些所有人都耳熟能详的话题,比如"我们应该害怕什么?""我们应该责怪谁?",令我们无比厌恶。

在下一章中,我们将讨论人们对脆弱的误解,正是这些误解助长了匮乏感。我们还将讨论为何勇气是从展现内心和让别人看到自己开始的。

CHAPTER 2

认清对脆弱的误解

是的,我们在脆弱的时候会完全展现内心;是的,我们身处于被称为"不确定性"的酷刑室;是的,如果我们允许自己变得脆弱,就要承担巨大的情感风险。但是,我们不能把冒险、面对不确定性、敞开心扉袒露情绪与软弱画上等号。

误解1："脆弱就是软弱"

"脆弱就是软弱"，这种对脆弱的误解是被大众最广泛接受的，同时也是危害最大的。如果我们一生都在刻意远离脆弱、避免被贴上过于情绪化的标签，那当有人能力一般或不太愿意掩饰情感，选择直面脆弱时，我们就会对他们嗤之以鼻。我们对脆弱的误解已经到了这样的地步：我们不再尊重和欣赏脆弱背后的勇气和胆识，我们让自己的恐惧和不安变成了评判和指责。

脆弱没有好坏之分：它既不是人们所说的负面情绪，也不总是一种轻松而正面的体验。**脆弱是所有情绪和感觉的核心。**体验情感，就是坦白内心的脆弱。将脆弱视为软弱，等于将情感视为软弱。如果因为担心代价过高而摒弃情感生活，你就远离了那些赋予生活目的和意义的珍贵之物。

我们对脆弱的排斥往往源于我们将它与恐惧、羞耻、忧伤、悲哀和失望等负面情绪联系在了一起——我们不想讨论这些情绪，即使它们深刻影响着我们的生活、爱情、工作，甚至领导方式。有一点是我们大多数人都无法理解的，我也是研究了十年才参透它：

脆弱也是孕育我们所渴望的情感和体验的摇篮。脆弱孕育了爱、归属感、快乐、勇气、同理心和创造力。它是希望、同理心、责任感和真实感的源泉。如果我们想拥有更清晰的人生目标，或更深刻、更有意义的精神生活，展现脆弱是必经之路。

我知道这很难让人相信，尤其当我们一直都认为脆弱和软弱是同义词的时候，但事实确实如此。**我将脆弱定义为"不确定性、风险和袒露情绪"**。让我们一边想着这个定义，一边来探讨一下"爱"。每天早上醒来时我们都爱着某一个人，他／她也许会钟情于我们，也许不会；他／她安全与否，我们无法保证；他／她或许会留在我们身边，或许会不辞而别；他／她可能一生都会对我们忠贞不渝，也可能明天就会背叛我们——这就是敢于脆弱的表现。**爱是不确定的。爱是一种冒险。爱一个人会让我们的情绪袒露无遗**。是的，这很可怕；是的，我们很容易受到伤害。但是，你能够想象没有爱或被爱的生活吗？

我们把自己的艺术品、著作、摄影作品、创想带到这个世界，却无法保证它们能得到认可或欣赏——这也是脆弱。我们让自己沉浸在生活的美好时刻中，即使知道它们会转瞬即逝，即使世界告诉我们乐极会生悲——这是一种强烈的脆弱。

如上所言，其中最大的危害在于我们开始将情感视为软弱。除了愤怒（这是一种次级情绪，对于我们所感受到的许多更难以理解的潜在情绪而言，它只是一个可被社会接受的面具），我们正在失去对情绪的宽容，因此也就失去了对脆弱的宽容。

当我们将情感与失败，以及情绪与责任混为一谈时，我们会把脆弱误认为软弱，只有当你意识到这一点时，改变才会发生。如果我们想重新找回生活中最重要的情感，重燃我们的激情和目标，我们就必须学会如何接纳和对待内心的脆弱，以及如何感受随之而来的各种情绪。对有些人来说，这是全新的学习，对另一些人来说，这是重新学习。不管怎样，这项研究让我明白，最好从定义、识别和理解脆弱开始学习。

我要求受访者将这句话补充完整："**脆弱是_____。**"他们提供的答案使脆弱的定义变得更具个性化。以下是其中几个答案：

- 分享不受欢迎的观点。
- 坚持自我。
- 寻求帮助。
- 说"不"。
- 开创自己的事业。
- 帮助37岁患晚期乳腺癌的妻子制定遗嘱。
- 主动和妻子做爱。
- 主动和丈夫做爱。
- 听说儿子很想成为管弦乐队的首席乐手，我选择鼓励他，虽然我明白他很可能做不到。
- 给一个刚刚失去孩子的朋友打电话。
- 为妈妈签约临终关怀服务。

CHAPTER 2
认清对脆弱的误解

- 我离婚后的第一次约会。
- 先说"我爱你",却不知道是否会得到爱的回馈。
- 写点什么或者制作一件艺术品。
- 升职了,却不知道自己能否成功。
- 被解雇。
- 坠入爱河。
- 尝试新事物。
- 带我的新男友回家。
- 三次流产后又怀孕。
- 等待活检结果。
- 联系我儿子,他正在经历一场艰难的离婚。
- 去公共场所锻炼,尤其当我不知道自己在做什么、身材走样的时候。
- 承认我害怕。
- 在一连串三振出局后,再次走上本垒。
- 告诉我的首席执行官,我们下个月不会发工资。
- 裁员。
- 向全世界展示我的产品,却没有得到任何回应。
- 当被别人批评或说闲话时,为自己和朋友说话。
- 承担责任。
- 请求原谅。
- 有信仰。

这些听起来像是软弱吗？陪伴深陷困境的人听起来像是一种软弱吗？接受问责是软弱吗？受到打击之后继续坚持是软弱的表现吗？并不是。脆弱听起来像是真相，感觉起来像是勇气。真相和勇气并不总是令人舒服的，但它们从来都不是软弱。

是的，我们在脆弱的时候会完全展现内心；是的，我们身处于被称为"不确定性"的酷刑室；是的，**如果我们允许自己变得脆弱，就要承担巨大的情感风险**。但是，我们不能把冒险、面对不确定性、敞开心扉袒露情绪与软弱画上等号。

在我们询问"脆弱是什么感觉"时，回答同样有力：

- 就好比摘下面具，希望真实的自己不会太令人失望。
- 真是糟透了。
- 它是勇气和恐惧的交会之处。
- 你正走在钢索的中间，前进和后退都一样可怕。
- 手心冒汗，心跳加速。
- 吓人又刺激；既可怕又充满希望。
- 脱下紧身衣。
- 豁出去，去冒险——冒极大的风险。
- 向你最害怕的事情迈出第一步。
- 全身心投入。
- 感觉既尴尬又可怕，但也让我变得有人情味，有活力。
- 如鲠在喉，百爪挠心。

- 就像坐过山车时你即将被甩出去而拼命抓住扶手时的恐慌心理。
- 自由和解放。
- 每次都让人感到恐惧。
- 恐慌、焦虑、害怕、歇斯底里,接着是自由、自豪和惊奇,然后是更加恐慌。
- 面对敌人拼尽全力。
- 无以复加的可怕,不可避免的痛苦。
- 我知道,在我觉得有必要先发制人时,这种情况就会发生。
- 感觉就像自由落体。
- 就像从听到枪声到等着看自己是否被击中的那段时间的感受。
- 放手,不再控制。

那么,为了更好地理解脆弱,我们所做的所有努力中一再出现的答案是什么?

率真,不掩饰。

- 脆弱就好比没穿衣服站在舞台上,希望得到的是掌声,而不是笑声。
- 当其他人都穿戴整齐的时候,你却一丝不挂。
- 就像梦到自己赤身裸体地出现在机场。

在讨论脆弱时，有必要查看一下"脆弱"一词的定义和词源。翻阅《韦氏词典》发现，"vulnerability"（脆弱）一词源自拉丁语"vulnerare"，意思是"受伤"。该定义包含"可能受伤"和"容易受到攻击或伤害"。《韦氏词典》将"weakness"（软弱）定义为"没有能力抵抗攻击或伤害"。从语言学的角度来看，两者明显是完全不同的概念。有人可能会辩称，软弱往往是由缺乏"脆弱"造成的——如果我们否认自己内心的脆弱，以及让自己脆弱的事物，就更有可能受到伤害。

心理学和社会心理学已经提供了非常有说服力的证据，足以证明承认脆弱的重要性。健康心理学的研究表明，**展现内心的脆弱意味着我们有承担风险和坦白情感的能力**，这极大地增加了我们坚持某种积极健康的养生法的可能性。为了使患者遵守预防程序，研究人员必须对感知到的脆弱进行处理。有趣的是，关键问题不在于我们的实际脆弱程度，而在于我们面对某种疾病或威胁时，在哪种程度上愿意承认自己的脆弱。

在社会心理学领域，影响力与说服力的研究人员——专研广告营销如何影响人们——进行了一系列关于脆弱的研究。他们发现，那些认为自己不容易受虚假广告影响的受访者实际上是最容易受到影响的。研究人员对这一现象的解释说明了一切："**这种刀枪不入的错觉非但不是有效的盾牌，反而破坏了原本可以提供真正保护的反应。**"

我的职业生涯中最焦虑的一次经历是在长滩 TED 大会上演

讲，我在导言中也提到过。面对一群非常成功且充满期待的观众，除了做一场 18 分钟的视频演讲所带来的正常恐惧之外，我还要承受另一份恐惧，因为我是整个活动的闭幕演讲人。我在那儿坐了三天，观看了一些我所见过的最精彩、最具煽动性的演讲。

每场演讲结束后，我都会瘫坐在椅子上，同时意识到为了让我的演讲"奏效"，我不得不放弃像其他人那样做演讲的尝试，我必须与观众进行互动。我迫切地想看到一场我可以拿来复制或者当作模板的演讲，但那些最能引起我共鸣的演讲并没有遵循某种模式，它们只是很真实。这也就是说，**我必须做我自己。我必须表现出脆弱和坦诚的一面。**我要从我的剧本里走出来，直视观众的眼睛。我必须毫无保留。我的天……我讨厌赤裸。我经常做关于裸体的噩梦。

当我终于走上舞台后，我做的第一件事就是与台下的几位观众进行眼神交流。我请舞台管理人员把室内的灯打开以便我能看清观众。我需要有互动的感觉，把人看成人而不是"观众"——"观众"会提醒我自己将要面对那些让我也让所有人害怕的挑战，就像赤身裸体一样。我想这就是为什么我们不用言语就能表达同理心——只需看着某个人的眼睛，就能从中看到对方的反馈。

在演讲中，我向观众抛出了两个问题，这两个问题揭示了许多定义脆弱的悖论。第一个问题："你们当中有多少人因为把脆弱当作软弱，因而不愿表现出脆弱的一面？"台下观众争相举手。接着我又问："当你们亲眼看着站在台上的人袒露脆弱的时候，你们当中又有多少人认为这其实是勇敢的表现？"台下观众再次纷纷举手示意。

我们喜欢在别人身上看到真实和坦诚，却害怕自己以真实和坦诚示人。我们担心自己展现的真实还不够——担心自己所能提供的真实缺少花哨的修饰，没有编辑加工，无法令人印象深刻。我不敢走上舞台，向观众展示上不了台面的自己——台下的那些人都位高权重、成就斐然、声名显赫，而我实在难登大雅之堂，唯恐贻笑大方。

我们内心挣扎的关键在于：

> 我想体验你的脆弱，但我不想变得脆弱。
>
> 脆弱，对你来说是勇气，对我来说是缺陷。
>
> 我被你的脆弱所吸引，却抗拒自己内心的脆弱。

走上舞台后，我把目光锁定在史蒂夫身上，他就坐在观众席中。我的姐妹们也回到了得州，还有一些朋友在 TED 活动现场（不在演讲现场）观看直播。我还从在 TED 吸取的教训中获得了勇气，那是一个关于失败的教训，非常出乎我的意料。就在我演讲前的三天里，我与那些天我和史蒂夫遇到的绝大多数人都开诚布公地聊了失败。当有人向你解释他们的工作或谈论他们的激情时，他们会告诉你两三次失败的创业或创作，这并不稀奇。他们的话深深打动了我，令我茅塞顿开。

候场的时候,我深吸了一口气,心里默念着关于脆弱的祷告词:请赐予我登台的勇气,让我敢于迎接观众的目光。接着,在上场前的几秒钟,我想到了书桌上的镇纸,上面写着:"如果你知道自己不能失败,你会怎么做?"我把这个问题抛诸脑后,以便能思考新的问题。当我走上舞台时,我轻声咕哝着:"什么事就算失败也值得去做?"

说实话,我不太记得我说过什么,但当演讲结束时,我又回到了深深的脆弱中!冒这样的风险值得吗?绝对值得。我对工作充满热忱,而且我对自己从受访者身上学到的东西深信不疑。我相信关于脆弱和羞耻的坦诚对话可以改变世界。这两场演讲都有缺陷,并不完美,但我走上了舞台,尽了最大的努力。**愿意袒露心声会改变我们。**它让我们每次都变得更勇敢一点。而且,我不知道如何衡量一个演讲的成败,但当我结束演讲的那一刻,我就知道,即使演讲失败或者招致批评,也完全值得去做。

莱昂纳德·科恩(Leonard Cohen)在歌曲《哈利路亚》中写道:"爱不是凯旋,它是冰冷而破碎的,哈利路亚。"爱是脆弱的一种形式,如果你把歌词中的"爱"换成"脆弱"的话,也是成立的。从打电话给经历了可怕悲剧的朋友到开创自己的事业,从感到恐惧到体验解脱,展现脆弱是人生的一大挑战。生活总是在问:"你全身心投入了吗?你能像重视别人的脆弱一样重视自己的脆弱吗?"对这些问题说"是"并不是软弱,而是无法估量的勇气。这是一种无畏挑战。通常,无畏挑战的结果往往不是凯旋，而是一种平静的自由感，夹杂着些许战斗疲劳。

误解2："我不想展现脆弱"

> 当我们还是孩子的时候，我们曾经以为，当我们长大了就不再脆弱。但成长就是接受脆弱。活着就是脆弱的。
>
> ——马德琳·恩格尔（Madeleine L'Engle）

看了脆弱的定义和示例后，你会更容易认清关于脆弱的第二个误解。我记不清有多少次听到人们说："这个话题很有意思，但我不喜欢袒露脆弱。"这一点通常会被贴上性别或专业的标签，比如"我是工程师——我们讨厌脆弱""我是律师——我们把脆弱当早餐吃掉""男人都不喜欢表现出脆弱的一面"。相信我，我知道这是怎么回事。我不是男人，不是工程师，也不是律师，可是这句话我已经说过一百遍了。可惜，世上并没有"摆脱脆弱卡"。我们无法摆脱那些交织在日常生活中的不确定性与风险，也无法完全隐藏自我情感。生活本就是脆弱的。

我们可以回头看看那些关于脆弱的示例。它们都是关乎生存、恋爱、社交的挑战。即使我们选择远离人群，不与外界联系以求自保，但我们依然活着，这意味着我们依然会感到脆弱。当

CHAPTER 2
认清对脆弱的误解

我们秉持"不展现脆弱"的信念时，不妨问问自己以下几个问题，相信你会受益匪浅。如果我们真的不知道答案，可以鼓足勇气问问与我们关系密切的人——他们也许会有答案（即使是我们不愿听到的）：

1. 当我感觉情绪暴露时，我该怎么办（我会做什么）？
2. 当我感到非常不安、没有把握的时候，我该怎么做？
3. 我有多愿意承担情感风险？

在我开始做这项工作之前，我的如实回答应该是这样的：

1. 害怕，愤怒，判断，控制，完善，制造确定性。
2. 害怕，愤怒，判断，控制，完善，制造确定性。
3. 在工作中，我非常不愿意接受批评、评判、指责或羞辱。与我爱的人一起承担情感上的风险，总是让我陷入对糟糕事情的恐惧之中——这是一个彻头彻尾的"快乐杀手"，我们将在"武器库"一章中进行探讨。

这个提问过程很有帮助，因为从我的回答中可以看到，不管我们是否愿意表现出脆弱，它都是存在的。当我们假装自己可以摆脱脆弱时，我们就会做出与我们想成为的人不一致的行为。体验脆弱不是一种选择——我们唯一的选择是当我们面对不确定性、风险、情绪暴露时,我们该如何应对。作为 Rush 乐队的忠实粉丝,此处似乎最适合引用 *Freewill* 中的一句歌词:"**哪怕你选择不做决定,这依然是一种选择。**"

在第四章,我们将深入研究当我们认为自己"没有表现出脆弱"时,我们用来保护自己的有意识和无意识的行为。

误解 3:展现脆弱就是毫无保留

我经常听到有人对我们的"毫无保留"文化提出疑问。难道不能过分表现出脆弱吗?难道没有过度分享这种事情吗?这些问题后面不可避免地会出现明星文化的例子。某某电影明星在推特上发布她丈夫自杀未遂的消息,会如何呢?或者,那些与世界分享自己和孩子的生活私密细节的真人秀明星呢?

脆弱建立在相互联结的基础上,需要设定界限和信任。它不是过度分享,不是彻底的净化,不是不加选择的披露,也不是明星式的社交媒体信息的倾销。展现脆弱是把我们的感受和经历与那些有权倾听的人分享。展现脆弱和坦诚是相互的,也是建立信任的过程中不可分割的一部分。

在冒险分享之前,我们不可能总是能得到保证。不过,我们不会在第一次遇见某个人的时候就袒露自己的灵魂。我们不会以

"嗨，我叫布琳，现在是我人生最低潮的时期"作为搭讪的开场白。那不是在展现脆弱。那或许是绝望，是伤心，甚至是寻求关注，但不是脆弱。为什么这么说？因为适当地分享，有限度地分享，意味着和那些与我们建立起关系的人分享，这种关系能够承载得起这样的分享。这种相互尊重的脆弱会使我们加深联系、信任和投入。

没有边界的脆弱会导致不联系、不信任、不参与。 其实，就像我们将在第四章中探讨的，毫无保留或者不设限的披露是我们保护自己远离真正的脆弱的一种方式。毫无保留的披露甚至算不上"过度脆弱"——当人们从展现脆弱转向利用脆弱来应对未得到满足的需求、获得关注时，或者采取当今文化中司空见惯的恐吓手段时，脆弱就已经自行崩塌了。

为了更有效地消除"脆弱是毫无保留的秘密共享"这个误解，我们来研究一下信任问题。

每次我和人们谈论脆弱的重要性时，他们总会提出大量有关信任需求的问题：

> 我怎么知道我能不能信任一个脆弱的人？
> 只有当我确信某个人不会背叛我时，我才会展现脆弱的一面。
> 你怎么知道谁在支持你？
> 我们怎么跟别人建立信任关系？

值得高兴的是，这些问题的答案都有资料可查。但很遗憾，这是一个"先有鸡还是先有蛋"的问题：我们是需要先建立信任关系然后才能展现脆弱，还是需要先展现脆弱以获得信任？

没有信任测试，没有评分系统，也没有指示信号可以告诉我们袒露脆弱是安全的。受访者将信任描述成一个缓慢的分级的过程，它随着时间的推移而发生。在我们家，我们把信任称为"弹珠罐子"。

我的女儿艾伦上三年级的时候，第一次经历了背叛。在许多小学的年级设置中，三年级都是个转折点。学生们不再和低年级的弟弟妹妹为伍，转而投向中高年级的小团体。课间休息时，艾伦向同班的一个小伙伴倾诉了当天早些时候发生在她身上的一件滑稽而略带尴尬的事情。到了午餐时间，与艾伦同组的所有女生都知道了她的秘密，这让她非常难过。这是一个意义深远的教训，但也是一个令人痛苦的教训，因为在那之前，她从未想过有人会出卖她。

回到家后，她突然大哭起来，告诉我她再也不会告诉任何人任何事情了。她的感情受到了伤害。我听着她的哭诉，为她感到心痛。更糟糕的是，艾伦还告诉我，那些女孩回到教室后还在嘲笑她，所以老师就把她们分开，并从弹珠罐子里掏出了几颗弹珠。

艾伦的老师有一个透明的大玻璃花瓶，她和孩子们把它叫作"弹珠罐子"。她在罐子旁边放了一袋彩色弹珠，每当全班同学一起做出正确的选择时，她就往罐子里扔几颗弹珠。每当班上的学生做了出格的事情，或者违反校规，或者上课不认真听讲时，老师就从罐子里取出几颗弹珠。如果罐子里装满了弹珠，她就开派对庆祝，以此奖励学生们。

尽管我很想把艾伦拉到身边，悄悄对她说："以后别跟那些女孩分享你的秘密了！这样她们就再也不会伤害你了。"但我还是放下了担忧和愤怒，开始想办法和她谈信任与交友的问题。我正思索着应该以什么样的方式向她诠释我自己对信任的体会，以及我从研究中学到的关于信任的知识时，我突然想到了弹珠罐子。啊，太完美了。

我告诉艾伦，让她把友谊想象成弹珠罐子。每当有人支持你、对你友善、为你挺身而出或者尊重你与他们分享的秘密时，你就往罐子里放弹珠。而当别人对你刻薄，对你无礼，或者把你的秘密公之于众时，你就把弹珠从罐子里取出来。我问她这样有没有作用，她兴奋地点了点头，喊道："我有弹珠罐子朋友！我有弹珠罐子朋友！"

我请她告诉我哪些人称得上她弹珠罐子里的朋友，她列举了四个朋友。这四个朋友是她可以一直信赖的，他们知道她的一些秘密，但永远不会说出去，而且他们也把自己的秘密告诉了她。艾伦说："这几个朋友总是让我跟他们坐在一起，即使他们被叫去坐在那些受欢迎的同学身边。"

这对我们俩来说都是一个意义非凡的时刻。我问她是怎么确定那几个朋友就是弹珠罐子里的朋友的,她想了一会儿,回答说:"我也说不清楚。那你的弹珠罐子里的朋友又是怎么得到你的信任的?"在思考了一会儿之后,我们俩都脱口说出了答案。她的部分答案是这样的:

> 他们保守我的秘密。
>
> 他们告诉我他们的秘密。
>
> 他们记得我的生日!
>
> 他们都认识我的爸爸妈妈。
>
> 他们总是邀请我参与很多有趣的事情。
>
> 他们知道我什么时候难过,还会问我为什么。
>
> 每次我因为生病而没去上学时,他们都会让他们的妈妈打电话关心我。

那我的答案呢?完全一样(只是在我的答案里,爸爸妈妈的名字换成了迪恩和戴维,那是我的妈妈和继父)。每次我妈妈来参加艾伦或者查理的活动时,我有个朋友总是会跟她打招呼:"嘿,迪恩!很高兴见到你。"我总是在想,她记得我妈妈的名字,那说明她很关心我,也很关注我。

信任就是用弹珠每次一颗、每次一颗地堆积起来的。

当我们思考人们在建立人际关系前必须进行的投资和冒险时,"先有鸡还是先有蛋"的两难局面就开始出现了。老师没有说："我不会买罐子和弹珠，除非我知道全班同学都能做出正确的选择。"开学第一天，罐子就在那儿了。事实上，在第一天放学时，老师放进去的弹珠已经把罐子底部铺满了。孩子们也没有说："我们不会做出正确的选择，因为我们不相信你会往罐子里放弹珠。"他们认真学习，满怀热情地听从老师的话，以实现弹珠罐子的点子。

约翰·戈特曼（John Gottman）是我最喜欢的研究人际关系的学者。他被认为是美国研究婚姻关系的顶尖专家，因为他在如何互动并建立关系方面的开创性工作具有权威性和可操作性。他的著作《信任学：夫妻的情绪协调》（*The Science of Trust: Emotional Attunement for Couples*）是一本剖析信任和如何建立信任的书，见地精辟，充满智慧。加州大学伯克利分校名为"Greater Good"的网站上（www.greatergood.berkeley.edu）有一篇戈特曼的文章，他在文章里描述的与合作伙伴建立信任的方式，与我在研究中发现的完全一致，也与我和艾伦所说的"弹珠罐子"的方式完全一致：

> 通过研究，我发现信任的建立都发生在一些不起眼的时刻，我称之为"滑动门"时刻，这是以电影《滑动门》来命名的。在任何互动中，你都有可能与你的伴侣联系在一起，也有可能与你的伴侣渐渐疏远。
>
> 我以自己的亲密关系举例说明。有一天晚上，我真的很

想看完一部悬疑小说。我觉得自己猜中了凶手，但还是急于知道结局。那天晚上的某个时候，我把小说放在床边，然后走进了洗手间。

经过镜子时，我从那里看到了妻子的脸，她在梳理头发，但看起来很伤心。那就是个"滑动门"时刻。

我面临着一个选择。我可以偷偷溜出洗手间，心想：今晚我可不想安慰她，我要看我的小说。但我并没有这么做，相反，我决定去洗手间，因为我是一个对人际关系很敏感的研究者。我从她的手里拿过梳子，问道："怎么了，宝贝？"她告诉了我她伤心的原因。

这一刻，我在做的就是建立信任：我陪在她身边。我选择和她在一起，而不是只考虑自己想要什么。我们发现，这就是建立信任的时刻。

这样的一瞬间并不是那么重要，但如果你总是选择转身走开，那么一段关系中的信任就会慢慢地受到侵蚀。

在我们以弹珠罐子打比方来提及背叛这个话题时，我们大多数人都会想到这样一个人，他/她深得我们的信任，却做了十分可怕的事情，逼得我们抓起罐子，倒掉里面的所有弹珠。你能想到的对信任最严重的背叛是什么？他和我最好的朋友上床了。她谎报了钱的去向。他/她选择的是别人而不是我。有人利用我的脆弱来对付我（这是一种情感上的不忠行为，我们大多数人会因此把整个罐子都摔在地上,而不只是将罐子里的弹珠全都倒掉)。毫无疑问,以上这些都是可怕的背叛,但还有一种特殊的背叛更隐蔽,它对信任关系同样具有腐蚀性。

确切地说,这种背叛的发生通常会早于其他类型的背叛。**我说的就是"疏离":不再关心,不再联系,不愿意为这段关系倾注时间和精力。**"背叛"这个词会让人联想到欺骗、撒谎、摧毁信任、在别人对我们说三道四时不再为我们辩解、在我们和其他人之间不再选择我们。这些行为当然是背叛,但它们并不是背叛的唯一形式。如果必须从我的研究中选出一种最常出现且在腐蚀信任关系方面危害性最大的背叛形式,我会选择"疏离"。

当我们所爱的人或者与我们有深厚关系的人不再关心、不再关注、不再投入、不再为这段关系而奋斗时,信任就开始流失,伤害就开始渗入。**疏离会引发羞耻和最深的恐惧——害怕被抛弃,害怕不值得,害怕不被爱**。让这种隐蔽的背叛比谎言或婚外情更危险的是,我们无法指出我们痛苦的根源——没有具体的事件,也没有明显的证据表明我们的关系已经破裂。这种感觉真让人发疯。

我们可能会对心不在焉的伴侣说"你好像不再在乎了",但没有相应的"证据",他/她会辩解说:"我每天下午六点下班回家,晚上哄孩子睡觉。我还要带孩子们参加少年棒球联赛。你还想让我做什么?"或者在职场,我们会想:为什么我得不到反馈?要么告诉你我喜欢它!要么告诉我这很糟糕!最起码你得给我反馈，让我知道你还记得我做了事！

对孩子来说，行动胜于言语。如果我们不再关心他们的日常生活，比如不再问他们今天过得怎么样，不再问他们最喜欢的歌曲是什么，不再好奇他们的朋友是做什么的，那么孩子就会感到痛苦和恐惧（而不是解脱，尽管十几岁的孩子可能会表现出解脱的样子）。因为当我们不再把心思放在他们身上的时候，他们说不出被我们疏离的感受，只能借助行动来暗示我们，他们会想"我这么做会引起他们的注意"。

就像信任一样，大多数的背叛都是慢慢发生的，"一次一颗弹珠"。确切地说，我之前提到的公然或严重的背叛，更有可能发生在一段时间的疏离之后以及信任被渐渐侵蚀之后。从专业角度和个人经历出发，我对信任的了解可以归结为：

信任是敢于展现脆弱的产物，并随着时间的推移不断加深，它需要经营、关注和充分投入。信任不是什么伟大的举动，它需要一个逐渐往罐子里放弹珠的过程。

误解4：我们能做"独行侠"

在我们的文化里，独行是我们非常推崇的一种价值观，讽刺的是，甚至在培养人际关系方面也是如此。有人可能会说："我的基因里镌刻着那种顽固的个人主义。"其实，我最喜欢的分手歌曲中有一首就是 Whitesnake 乐队的 *Here I Go Again*。如果你到了一定岁数，我敢打赌，你肯定会摇下车窗，一脸不屑地唱道："我又一次独自离开……就像一个漂泊者，我注定要一个人独行……"即使你对 Whitesnake 乐队不感兴趣，你也能在你所能想象到的每一种歌曲类别中找到"独行侠"的颂歌。在现实中，独行可能会让人感到痛苦和沮丧，但我们钦佩它所传达的力量，独行在我们的文化中备受推崇。

虽然我很喜欢独自走在孤独的梦想之路上的想法，但展现脆弱的旅程不是我们能独自走完的。我们需要支持。我们需要有人认同自己尝试的新生活方式，而不是评判我们。当我们在竞技场上被击倒时，需要有人将我们从地上拉起（如果我们选择勇敢地生活，这一幕将会发生）。在我的整个研究过程中，受访者非常清楚他们需要支持和鼓励，有时还需要专业人士的帮助，因为他们需要重新面对脆弱和情感生活。我们大多数人都擅长给予别人帮助，但提到脆弱，其实我们自己也需要寻求帮助。

在《不完美的礼物》一书中，我写道："除非我们能以开放的心态接受，否则我们永远不会以开放的心态给予。当我们对接受帮助附加判断时，我们就会有意或无意地对给予帮助附加判断。"我们都需要帮助。我知道，如果没有大家的援助，我不可能写完这本书。我的"援军"包括我的丈夫史蒂夫（一位出色的治疗师）、堆得高高的一摞书，以及有过类似经历的朋友和家人。展现脆弱这种行为是会传染的,就像勇气会传染一样。

事实上,有一些非常有说服力的领导力研究支持这样一种观点,即寻求支持至关重要,脆弱和勇气都是会传染的。在2011年《哈佛商业评论》(*Harvard Business Review*)上的一篇文章中,彼得·富达(Peter Fuda)和理查德·巴德姆(Richard Badham)用一系列的比喻来探讨领导者如何激发和维持变革。其中一个比喻就是雪球。**当一个领导者愿意在下属面前展现脆弱时,雪球就开始滚动。**他们的研究表明,和预期的一样,这种脆弱的表现被团队成员视为勇敢,并激励其他人争相效仿。

克莱因顿(clynton)的故事就很好地体现了雪球这个比喻。克莱因顿是德国一家大公司的总经理,他意识到自己的指令式领导风格阻碍了高级管理人员的主动性。研究人员解释说:"他本可以私下改变自己的行为,却选择在六十名高层管理人员参加的年度会议上站起来,承认自己的过失,并概述了自己的个人角色和团队角色。他承认自己无法解决所有的问题,并请求团队帮助自己管理公司。"在调查了这次事件的后续转型情况之后,研究人员报告说,克莱因顿的工作效率大幅提高,他的团队蓬勃发展,主动性和创新性都有所提高,他的公司不断赶超规模大得多的竞争对手。

与上面的故事类似,当我开始提出一些尖锐的问题(比如,我对脆弱的恐惧是如何阻碍我前进的)时,当我鼓起勇气坦陈内心的挣扎并寻求帮助时,我在个人和职业方面都发生了至今为止最大的转变。在逃离脆弱之后，我发现学习如何适应这种不确定性、风险和显露情绪所带来的不适是一个痛苦的过程。

我确实相信自己可以选择逃避脆弱，所以，当脆弱来临时——当电话里传来意想不到的消息时，当我害怕时，或者当我爱得如此强烈，以致只能为失去做好准备而全无感激和喜悦之情时——我控制着一切。我掌控着各种情况，对身边的人实行管头管脚的监控。我坚持着这一切，直到没有力气去感受为止。无论付出多少代价，我都会把不确定的情况确定下来。**我一直忙忙碌碌，以至无暇顾及自己的痛苦和恐惧。我外表看起来很勇敢，内心却满是惶恐。**

渐渐地，我明白这种故作坚强的重担实在是太重了，压得我无力动弹，而且它只会让我看不透自己，却被别人彻底了解。故作坚强需要我蜷缩在这个盾牌后面保持安静，不让人注意到我的缺点和脆弱。真是太累了。

我记得有一年，在一个柔情蜜意的时刻，我和史蒂夫躺在地板上，看着女儿艾伦疯狂地跳着舞、打着滚儿，又是甩胳膊又是拍打膝盖的。我望着史蒂夫说："**我爱她是因为她是那么脆弱、那么无拘无束、那么笨手笨脚，这是不是很好笑？我就做不到那样。你能想象自己被那样爱着吗？**"史蒂夫看向我，说："我就是那样爱着你的。"坦白说，作为一个极少冒险展现脆弱、总是刻意不表现出愚蠢或笨拙的人，我从没想过成年人也可以像那样彼此相爱；我也从没想过自己可以因为内心的脆弱被人爱，而不是被无视。

我得到的所有爱和支持——尤其是史蒂夫和我的治疗师戴安娜给予我的——让我慢慢开始承担更多的风险，以新的方式投入工作和家庭中。我抓住了更多的机会，尝试了从未做过的事情，比如讲故事。我学会了如何设定新的界限，还学会了拒绝，即使我害怕会因此惹恼某个朋友，或者错过某个我可能会后悔的发展事业的机会。到目前为止，我还没有后悔说过"不"字。

回顾罗斯福的"荣誉属于真正在竞技场上拼搏的人"的演讲，我还认识到，**那些爱我的人，那些我真正依赖的人，从不会在我跌跤时指责我。**他们根本不在看台上，而是和我一起站在竞技场上，为我而战，和我并肩作战。

我认识到，通过权衡看台上的"观众"的反应来评估自己的价值简直就是浪费时间。没有什么比这个认识更能改变我的生活了。那些爱我的人，无论结果如何都会陪在我身边，触手可及。这个认识改变了一切。我现在要努力成为这样的妻子、母亲和朋友。我希望我们的家是一个能让我们尽情释放勇气和恐惧的地方。在家里，我们练习艰难的对话，分享我们在学校和职场受到的羞辱。我想看着史蒂夫和孩子们说："我支持你们。我们一起上竞技场。要失败就一起失败，然后继续勇敢面对。"我们无法仅仅靠自己变得更加勇敢。有时，我们的第一个挑战，也是最大的挑战，就是寻求支持。

CHAPTER 3

理解并克服羞耻感
（又名"忍者勇士训练"）

　　正是因为我们羞于表达自己的羞耻，羞耻感才肆意横行。这也是为什么它钟情于完美主义者——让我们保持缄默是如此容易。如果我们能培养出足够的对羞耻的心灵察觉，如果我们愿意承认它，并与之对话，就能从根本上将其切断。羞耻感厌恶语言表达。如果我们能勇敢地说出令我们羞耻的事，羞耻感就会开始枯萎。就像暴露在阳光下对小精灵来说是致命的一样，语言和故事陈述会让羞耻感曝光，并足以将之摧毁。

在同一本书里讲述脆弱和羞耻感！
你是想杀了我们吗？
还是说这是黑魔法防御术？

2011年，在我结束了一场关于"全心投入家庭"的演讲后，一个男人登上讲台向我走来。他伸出手说："我只想说声谢谢。"在他低头看着地板时，我握了握他的手，冲他善意地笑了笑。我看得出他在强忍眼泪。

他深吸一口气，说道："我必须告诉你，今晚我真的不想来。我想逃掉，可我妻子逼着我来。"

我轻声笑着。"是吗？这话我听着耳熟。"

"我想不通她为什么这么激动。我告诉她，我想不出还有什么比周四晚上听羞耻感研究者演讲还要糟糕的。她说这场演讲对她很重要，我必须停止抱怨，否则我会毁了她的期待。"他停顿了几秒钟，然后问了一个出乎我意料的问题："你是《哈利·波特》迷吗？"

我愣了一会儿，试图理解他的话，不过最终还是放弃了，我回答他："是的，我是个超级粉丝。所有《哈利·波特》的书我都看过好几遍，电影也看过，不止一遍。我算是铁杆粉丝。你为什么问这个？"

他看上去有点尴尬，解释说："嗯，我对你一无所知，今晚来之前这种恐惧越来越强烈，我一直把你想象成斯内普[①]。我以为你很可怕，觉得你会穿一身黑衣，说话时声音低沉又慢吞吞的，让人想忘都忘不掉——就像世界末日来临了一样。"

我大笑不止："我喜欢斯内普！我不确定自己是不是想打扮成他，但他确实是我最喜欢的角色。"说着我瞥了一眼我的手提包，它还塞在讲桌里。包里有几把钥匙，正挂在我心爱的乐高牌斯内普钥匙扣上。

想起他在来之前把我想象成斯内普的那一幕，我们相视而笑，但随后话题变得严肃起来。"我觉得你讲的很有道理。特别是你提到我们都害怕黑暗的事物。你在幻灯片上分享的那句话是？"

"哦，幻灯片上的引文。那是我最喜欢的一句话：**'只有当我们勇敢地去探索黑暗时，我们才会发现光明的无穷力量。'**"

他点了点头。"对！就是那句话！我想这就是我不想来的原因。当只有这种艰难的话题才能让我们感到解脱时，我们反而会不顾一切，想方设法地避开。我的成长中充满羞耻感，我不想让我的三个孩子也有这种感受。我想让他们知道他们已经够好了。我希望他们不会害怕和我们谈论那些棘手的事。我希望他们有从

[①] 《哈利·波特》里霍格沃茨魔法学校有史以来最年轻的校长，专长黑魔法及其防御术、魔药学、魔咒学、大脑封闭术，性格深不可测。——译者注

羞耻感中复原的能力。"

说到这里，我们都热泪盈眶。我伸出双手，笨拙地向他示意，给了他一个大大的拥抱。当我们松开双臂，结束硬着头皮做到的拥抱后，他看着我说："我很不擅长展现脆弱，但我真的很容易感到羞耻。克服羞耻感是展现脆弱的必要条件吗？"

"是的。从羞耻感中复原是接纳脆弱的关键。如果我们被别人的想法吓坏了，我们就会不想让别人看到我们。通常，'不擅长展现脆弱'的意思就是我们非常容易被羞耻感所困。"

就在我结结巴巴地组织语言，希望能更清楚地解释羞耻感是如何阻止我们展现脆弱、相互理解时，我突然想到了《哈利·波特》中一段自己很喜欢的对话。"你还记得其中哈利因为自己经常生气，总有负面情绪，担心自己可能会变坏的情节吗？"

他兴奋地回应道："记得，当然记得！那是他和小天狼星布莱克的对话！那段对话揭示了整个故事的寓意。"

"没错！小天狼星要哈利仔细听他说，然后他说：'**你不是坏人。你是个遭遇过不幸的大好人。**再说，这个世界又不是简单地分成好人和食死徒的。我们每个人的内心都有光明与黑暗。重要的是，我们付诸行动的时候，选择光明还是黑暗。那才是真实的我们。'"

"我明白了。"他叹了口气。

"我们都有羞耻心。我们的内心既有好的一面也有坏的一面，有光明也有黑暗。但如果我们不接受自己的羞耻感以及内心

CHAPTER 3
理解并克服羞耻感（又名"忍者勇士训练"）

的挣扎，就会开始以为自己出了问题，觉得自己成了坏人，犯了错误，或者自己还不够好。甚至更糟的是，我们开始依照这些执念行事。如果我们想全身心投入，想与人建立联系，我们就必须展现脆弱。为了展现脆弱，我们需要培养从羞耻感中恢复过来的能力。"

这时，他的妻子在讲台台阶旁等他。他谢过我，又给了我一个匆忙的拥抱，然后走开了。刚走下台阶，他转身对我说："你也许不是斯内普，但你绝对是个很棒的黑魔法防御术老师！"

这次交谈令我永生难忘。晚上回家的路上，我想起了书里的一行字，那是哈利·波特对几位黑魔法防御术老师命运的详细描述："一个被解雇了，一个死了，一个失去了记忆，还有一个被锁在箱子里，一锁就是九个月。"我记得当时我想的是"听起来还不错"。

我不会继续用《哈利·波特》打比方了，因为你们肯定有人没看过这套书或者电影，但我必须说，罗琳那难以置信的想象力使理解羞耻感变得更加容易和有趣。从光明与黑暗之争到主人公的旅程，以及为什么展现**脆弱和爱是勇气最真实的标志**，《哈利·波特》寓言式的影响力使得它可以谈论所有的话题。我花了那么长时间试图描述和定义未被命名的情感和经历，却发现《哈利·波特》提供了一个宝库，里面的很多人物、怪物和生动描绘都可以在我的教学中使用。对此，我永远心存感激。

我并没有打算成为一名狂热的羞耻感传播者或黑魔法防御术

老师。过去十年，我一直在研究羞耻感给我们的生活、爱情、子女养育、工作和领导方式带来的腐蚀作用。提及研究结果，我发现自己几乎在声嘶力竭地尖叫："是的，羞耻经历很难启齿。但开口谈论羞耻远没有沉默造成的后果那般危险！我们都有感到羞耻的经历，却都害怕谈论这个话题。而我们谈论得越少，我们的羞耻感就越深。"

如果想变得更加勇敢，变得无所畏惧，我们就需要展现脆弱。但正如我对那位喜欢《哈利·波特》的朋友说的那样，如果羞耻感让我们害怕听到别人对我们的看法，那我们怎么展现自己呢？

我给你们举个例子。

比如，你设计了一款产品，或写了一篇文章，或者创作了一件艺术品，想和一群朋友分享。分享你的创作是在展示一种脆弱，但这也是全心投入式生活必需的一部分。这是无所畏惧的象征。但在成长经历或世界观的影响下，你会有意无意地将自我价值与别人对你的产品或创作的看法联系起来。简单地说，即如果他们喜欢你的创作，你就有价值；如果他们不喜欢，你就会一文不值。

在这个过程中，以下两种情况都有可能出现：

1. 一旦你将自我价值与自我创作的事物联系起来，你就不太可能去分享它。即使要分享，你也会剥去一两层最有趣的创意，从而降低显山露水的风险，因为你会觉得将那些天马行空的产品或作品公之于众实在太过冒险。

2. 如果你真的把最具创意的作品与人分享了,而对方的反馈没有达到你的预期,你就会崩溃。你认为,你的作品糟透了,说明你不行。这样一来,征求意见、重新投入、从头做起的可能性微乎其微,因为你把自己封闭了起来。羞耻感告诉你,你不应该尝试。羞耻感告诉你,你不够好,你该有自知之明。

倘若你好奇,如果你将自我价值和你的创作挂钩,而人们很喜欢它,这样会发生什么。那我就以个人经历和工作经验回答你——你的麻烦会更大。你的生活会被羞耻感操纵、控制,与之相关的所有问题都将处于一触即发的状态。你把你的自我价值交给了别人去评判。虽然自我价值像这样得到了几次满足,但之后的感觉颇有些《加州旅馆》①的意味:你可以随时入住,但你永远无法离开。**你变成了一个"讨好别人、卖力表演、力求完美"的囚徒。**

当你意识到羞耻感,并拥有从羞耻感中复原的能力时,情况会完全不同。你仍然希望大家喜欢、尊重甚至称赞你的创作,但你的自我价值并没有摆在桌面上任人评说。你知道自己的价值远不是一幅画、一个创意、一次有效的推销、一场成功的演讲,或

---

① 美国著名乡村摇滚乐队老鹰乐队(Eagles)的名作,歌曲结尾处的歌词是"We are programmed to receive. You can checkout any time you like, but you can never leave"(我们只是照常接待,你可以随时入住,但你永远无法离开)。——译者注

者一个亚马逊网站的高排名能够呈现的。如果你的朋友或同事没有和你一样热情高涨，或事情进展得不顺利，你的确还会感到沮丧难过，但你知道这一次的努力与你付出的心血有关，与你是什么样的人无关。不管结果如何，你都已经无所畏惧地去做了，这完全符合你的价值观，也契合你对自己的期许。

当我们的自我价值没有受到威胁时，我们更愿意变得勇敢，并冒险向别人展现我们的天赋。 从我对家庭、学校和企业的研究来看，鼓励人们克服羞耻感的文化培养出了那些更乐于征求、接受和采纳反馈的人。这种文化也培养了敬业、坚忍的人，他们期许通过一次次的努力把事情做好，他们更愿意在自己的努力中获得创新和创造力。

价值感激励我们展现脆弱，鼓励我们公开分享，启迪我们坚持不懈。羞耻感使我们看轻自己，让我们的内心充满怨恨与恐惧。在强调和放大羞耻感的文化中，父母、领导和管理者总会有意或无意地鼓励人们将自我价值与努力成果联系起来，从中我看到了疏离、责备、流言、停滞、偏袒，以及创造和创新能力的彻底缺失。

彼得·希汉（Peter Sheahan）是一位作家兼演说家，同时还是 ChangeLabs™ 的首席执行官。ChangeLabs™ 是一家全球性的咨询公司，为苹果公司和国际商业机器公司（IBM）等客户构建和提供大型行为改变项目。2011年夏天，我有机会和彼得共事，我认为他对羞耻感的看法很正确。彼得的原话如下：

CHAPTER 3
理解并克服羞耻感（又名"忍者勇士训练"）

创新的秘密杀手是羞耻感。羞耻感无法测量，但它就在那里。每当人们对一个新想法犹豫不决，或者不敢给经理提供必要的反馈，或者不敢在客户面前直言不讳时，可以肯定，这正是羞耻感在作祟。我们都非常害怕犯错，怕被人轻视，怕自己做得不够好，正是这种恐惧阻止我们承担起推动公司向前发展所需的风险。

如果你想建立一种充满创造力和革新力的文化，其中市场和个人层面都能接受合理风险，那么，首先就要求管理者要在团队中树立面对脆弱的开放态度。矛盾的是，这里有个前提：领导者自己得展现脆弱。那种认为领导者必须"负责"并"知道所有答案"的观念既过时又具有破坏性。这种观念会对其他人造成不良影响，使他们觉得自己知道得少，做得还不够好。如果我曾听说过规避风险的方法的话，这就是其中之一。羞耻感会变成恐惧。恐惧会使你厌恶风险，而厌恶风险会扼杀创新。

最重要的是，**无所畏惧需要有价值感支撑**。羞耻感让小魔怪们在我们的脑袋里灌输了完全不同的信息：

不敢！你还不够好！
你可别太狂妄自大了！

我们最熟悉的"小魔怪"一词来自史蒂文·斯皮尔伯格（Steven Spielberg）1984年的恐怖喜剧片《小魔怪》（*Gremlins*）。小魔怪是一些邪恶的绿色小骗子，到处横行肆虐。它们还是操纵欲极强的怪物，从毁灭中获得快感。在许多圈子里，包括我自己的圈子，"小魔怪"这个词已经成了"羞耻录音带"的同义词。

例如，我最近正在努力完成一篇文章，我打电话给一个好朋友，告诉她我写不下去了，她马上问我："小魔怪在说什么？"

这是一种非常有效的询问"羞耻录音带"——我们脑海中挥之不去的自我怀疑和自我批评——的方式。我回答说："有好几个小魔怪。有个小魔怪说我写的东西很烂，根本没人会看关于这些主题的文章。另一个告诉我，我会被狠批一顿，那是我咎由自取。还有个大个子一直在说：'真正的作家写作时不会像你这样费劲。真正的作家不会卖弄修饰语。'"

了解我们的"羞耻录音带"或"小魔怪"对克服羞耻感来说非常重要，因为有时我们很难指出别人什么时候羞辱了我们，或者其具体的羞辱行为。有时，羞耻感是由我们播放小时候制作的旧录音带造成的，或者只是从文化环境中吸收而来的。我的好朋友兼同事罗伯特·希力克（Robert Hilliker）说："羞耻感起初是在两个人的互动中产生的，但随着年龄的增长，我学会了如何独自感受羞耻。"有时候，当我们鼓起勇气走进竞技场时，我们面对的最严苛的批评就来自我们自己。

正是因为我们羞于表达自己的羞耻，羞耻感才肆意横行。

这也是为什么它钟情于完美主义者——让我们保持缄默是如此容易。如果我们能培养出足够的对羞耻的心灵察觉，如果我们愿意承认它，并与之对话，就能从根本上将其切断。羞耻感厌恶语言表达。**如果我们能说出令我们羞耻的事，羞耻感就会开始枯萎。**就像暴露在阳光下对小精灵来说是致命的一样，语言和故事陈述会让羞耻感曝光，并足以将之摧毁。

正如罗斯福的建议，当我们无所畏惧地接受挑战，我们会犯错，会一次又一次地暴露缺点。等待我们的会是失败、错误和批评。如果我们想在充实的生活中搞定那些难以克服的失望、伤心和崩溃情绪，我们就不能把失败等同于不配得到爱、归属感和幸福。如果我们这样做，我们将永远不会展现自己，也不会再去尝试。羞耻感在竞技场的停车场里游荡，等着我们落败而逃，下定决心不再冒险。它笑着说："我早就说过这是个错误。我就知道你不够_____。"羞耻感复原力让你有底气说："失败确实令人伤心，令人失望，甚至是毁灭性的。但获得**成功、认可和赞许并不是鞭策我前进的价值观。我信仰的是勇敢，而且我真的很勇敢。**羞耻感，你尽管放马过来。"

我想说的是"如果羞耻感扼杀了我们的价值感以及我们与他人的联结，我们就无法接受脆弱"。做好准备，让我们的头脑和心灵感受并接受羞耻感，这样我们才能开始真正的生活。

什么是羞耻感？为什么它那么难以启齿？

（如果你很确定羞耻感对你不起作用，也请继续阅读，我会在接下来的几页中澄清这一问题。）

我关于羞耻感的每一次演讲和每一篇文章都会以"羞耻感1—2—3"或者你需要知道的关于羞耻感的前三件事开头，所以，你需要继续看下去：

1. 我们每个人都有羞耻心。羞耻感是普遍存在的，也是我们所经历的最原始的人类情感之一。只有那些缺乏同理心和人际交往能力的人才感受不到羞耻。你可以选择：要么承认自己有羞耻心，要么承认自己不爱社交。快速提示：这次羞耻心似乎是一个好选择，也是唯一的一次。
2. 我们都不敢谈论羞耻感。
3. 我们越少谈论羞耻感，它就越能控制我们的生活。

关于该如何思考羞耻感，有几个方法非常管用。首先，**羞耻感来源于我们对失去联结的恐惧**。我们在心理上、情感上、认知上和精神上都与联结、爱和归属感紧密相连。**联结、爱和归属感**

（联结的两种表现形式），是我们来到这个世界的原因，也是我们生活的目的和意义所在。 羞耻感来源于我们对失去联结的恐惧——这种恐惧既可能来源于我们做过的事情，也可能来源于我们没做成的事情，或者我们没有实现的理想、没有达成的目标——它使我们觉得自己不配与别人建立联结：我不值得或者不够资格获得爱和归属感，不值得与人产生联结；我不配得到爱；我与世界格格不入。

以下是我在研究中对羞耻感下的定义：

羞耻感是一种极度痛苦的感受或体验，它让我们认为自己有缺陷，因此不配拥有爱和归属感。

人们通常认为羞耻感专属于那些从难以言喻的创伤中挺过来的人，但事实并非如此。我们每个人都会经历这种感受。虽然羞耻感看似隐藏在我们心底最黑暗的角落，但实际上它潜伏在所有我们熟悉的地方。我在研究中列出了十二种"羞耻类别"：

- 容貌和身材。
- 金钱和工作。
- 母亲 / 父亲身份。
- 家庭。
- 子女的养育。
- 心理和身体健康。
- 成瘾。

- 性。
- 衰老。
- 宗教。
- 幸存的创伤。
- 被定型或贴标签。

以下是我们在询问人们的羞耻经历时收到的一些回复：

- 被炒鱿鱼，又不得不告诉我怀孕的妻子。
- 有人问我："你的预产期是什么时候？"而我并没有怀孕。
- 掩盖我正在康复的事实。
- 对我的孩子们发火。
- 破产。
- 我的老板在客户面前骂我是白痴。
- 没有伴侣。
- 丈夫甩了我跟隔壁邻居好了。
- 妻子要跟我离婚，还告诉我她想要孩子，但不想跟我生。
- 酒后驾车。
- 不能生育。
- 我告诉我的未婚夫我爸爸住在法国，而实际上他在坐牢。

- 网络色情。
- 退学,还退了两次。
- 听到父母在隔壁打架,我却在想自己是不是唯一一个对此感到害怕的人。

羞耻的感受是真正的痛苦。我们大脑中的化学物质强化了社会认可和联结的重要性,因此,**被社会排斥和疏离的痛苦才是真正的痛苦**。2011年,在一项由美国国家心理健康研究所和美国国家药物滥用研究所资助的研究中,研究人员发现,被社会排斥的深刻体验与身体上的疼痛一样,都会对我们的大脑造成伤害。所以,我把羞耻感定义为一种极度痛苦的体验,并不是在开玩笑。神经科学的进步证实了我们已经知道的事实:**情绪会造成伤害并引起疼痛**。正如我们经常努力去定义身体上的疼痛一样,描述情感上的疼痛也很困难。表达羞耻感尤其难,因为它排斥语言表述,很难被人说出来。

分清羞耻、内疚、羞辱和尴尬

事实上,我们在了解羞耻感的过程中发现,羞耻经历之所以很难谈论，其中一个简单的原因与词汇有关。我们经常把"尴尬""内疚""羞辱"和"羞耻"这几个词互换使用。强调用恰当的词语来描述经历或情绪的重要性，可能有些过于挑剔，不过其问题不仅仅在于语义学。

我们体验这些不同情绪的方式，可以归结为自我对话。我们如何告诉自己发生了什么？要想审视自我对话，并厘清这四种不同的情绪，最好从区分"羞耻"和"内疚"开始。大多数的羞耻感研究人员和临床医生都认为，要想理解"羞耻"和"内疚"之间的区别，最好将其视作"我很坏"和"我做了坏事"之间的区别。

内疚 = 我做了坏事。
羞耻 = 我很坏。

例如，假设你原本打算与一个朋友见面吃午饭，但你忘了这件事。中午12点15分时，你的朋友从餐厅打来电话，确认你是否一切安好。如果你的自我对话是"我真是个白痴。我是个糟糕的朋友，我真是什么事都做不好"。这是感到羞耻的表现。而如果你的自我对话是"我真不敢相信我竟然忘了这回事。这真够糟糕的"。这是感到内疚的表现。

这正是有趣的地方，特别是对那些自认为自己是个糟糕的朋友，或者一点点羞耻感就能让他/她下次说到做到的人来说。**当**

CHAPTER 3
理解并克服羞耻感（又名"忍者勇士训练"）

我们感到羞耻时，我们最有可能通过责备某件事或某个人为我们的过失寻找借口，然后言不由衷地道个歉，或者干脆躲起来保护自己。 相比于道歉，我们更倾向于责怪朋友，为自己忘记某件事辩解："我告诉过你我真的很忙。对我来说今天不是什么好日子。"或者我们会敷衍地道个歉，心想"不管怎样，如果她知道我有多忙，她也会道歉的"。或者我们看到朋友打来电话根本不接，最后实在躲不过去了就撒谎说："你没收到我发的电子邮件吗？我早上就取消约会了。你该去垃圾邮箱里找找的。"

当我们为自己所做的事情道歉并做出弥补，或者改变与我们的价值观不符的行为时，内疚——而不是羞耻——往往是最主要的驱动力。当我们做过或没做成的事情与我们的价值观相悖时，我们会感到内疚。这种感觉很不舒服，却是有益的。心理上的不适类似于认知失调，能激发有意义的变化。"内疚"和"羞耻"一样强大，但"内疚"的影响是积极的，而"羞耻"的影响是破坏性的。事实上，我在研究中发现，羞耻感会腐蚀我们当中原本相信自己可以改变并做得更好的人。

我们生活在这样一个世界里：大多数人仍然相信，羞耻感是让人们循规蹈矩的好工具。 这种观念不仅是错误的，而且很危险。羞耻感与成瘾、暴力、攻击性、抑郁、饮食失调和欺凌密切相关。研究人员根本没有发现羞耻感与任何积极结果相关——没有数据显示羞耻感有助于保持良好行为。事实是，羞耻感更有可能是破坏性和伤害性行为的原因，而不是解决问题的办法。

同样，想感到自己值得被爱和拥有归属感是人类的天性。当我们感到羞耻时，我们会觉得孤立无援，渴望实现自我价值。当我们受到伤害时，无论是心里充满羞耻感还是仅仅感觉到了对羞耻的恐惧，我们都更有可能做出自我毁灭的行为，攻击或者羞辱他人。在关于子女的养育、领导方式和教育的章节中，我们将探讨羞耻感是如何侵蚀我们的勇气并助长我们脱离社会的行为的，以及我们可以做些什么来创造一种能帮助我们实现价值、展现脆弱和获得羞耻感复原力的文化。

"羞辱"是另一个常被我们拿来与"羞耻"混用的词。唐纳德·克莱因（Donald Klein）深知两者的区别，他这样写道："人们认为他们应该感到羞耻，但不应该受到羞辱。"如果约翰正和同事、老板开会，老板骂他是个笨蛋，因为他没有做成一笔生意，约翰可能会因此感到羞耻，也可能感觉自己受到了羞辱。

如果约翰的自我对话是"天哪，我是个笨蛋，我是个失败者"——这是感到羞耻的表现。如果他的自我对话是"哎呀，老板简直疯了。这太可笑了。我不该受到这样的对待"——这是感觉受到羞辱的表现。"羞辱"让人感觉很糟糕，会让职场或家庭环境变得苦不堪言——如果这种情况持续下去，如果我们开始接受这种暗示，"羞辱"肯定会演变成"羞耻"。不过，这总比羞耻要好。约翰并没有认同并消化"失败者"的评价，他对自己说："这与我无关。"当我们这样做的时候，我们就不太可能自我封闭，采取行动或奋起反击。我们会在尝试解决问题的同时，坚持自己的价值观。

"尴尬"是四种情绪中严重程度最轻的。它通常转瞬即逝，最终可能会变得很有趣。尴尬的标志是，当我们做一些尴尬的事情时，我们并不感到孤独。我们知道其他人也做过同样的事情，就像脸红一样，它会消失，不会给我们贴上标签。

熟悉这种语言是理解羞耻的重要开始。这也是我所说的羞耻感复原力的第一要素的一部分内容。

我明白了，羞耻感是消极的。所以，我该怎么办？

答案是培养羞耻感复原力。请注意，想抗拒羞耻感是不可能的。只要我们在乎与他人的联结，对失去联结的恐惧就永远是我们生活中一股强大的力量，而羞耻感带来的痛苦也永远真实存在。告诉你们一个好消息，在我所有的研究中，我都有相同的发现：具有很强的羞耻感复原力的男性和女性都有四个共同点，我把它们称为羞耻感复原力的四要素。学习将这些要素付诸行动就是我所说的"小魔怪忍者勇士训练"。

我们将逐一介绍这四个要素，但首先我想解释下"羞耻感复原力"的含义：当我们感到羞耻时展现真实性的能力，在不违背自我价值观的前提下度过这段经历的能力，以更多的勇气、同理心和联结走出羞耻感的能力。**羞耻感复原力是指从羞耻感转向同理心的能力——这是摆脱羞耻感的真正解药。**

如果与那些以同情和理解回应我们的人分享我们的故事，羞耻感就不会存在。自我关爱也非常重要，但因为羞耻感是一个社会概念（它发生在人与人之间），所以，它最好的治愈效果也来自人与人之间。治愈社会创伤需要社交慰藉，而同理心就是这种慰藉。自我关爱很重要，因为当我们能够在羞耻感中温柔地对待自己时，我们就更有可能向他人敞开心扉，与他人建立联系，实践同理心。

要获得同理心，我们首先要知道我们应对的是什么。以下是羞耻感复原力的四个要素——这四个步骤并不总是按以下顺序发生的，但它们最终会引导我们获得同情和治愈：

1. **认识羞耻感并理解其诱因。** 羞耻感有其生物学和人文学来源。当你感到羞耻时，你能从身体上意识到它的存在，用你自己的方式去感知它，并找出触发它的信息和期望吗？
2. **练习批判性觉察。** 你能面对那些让你感到羞耻的信息和期望吗？它们能实现吗？能达到吗？它们指的是你想成为的人，还是你认为别人需要/想要你做的事？
3. **敞开心扉。** 你有什么故事可以拿来分享吗？如果我们之间没有接触，我们就无法产生同理心。
4. 谈论羞耻。当你感到羞耻时，你会说出自己的感受并寻求帮助吗？

羞耻感复原力是一种保护人际关系——我们与自己的关系，以及我们与我们在乎的人的关系——的策略。但要想获得复原力，就需要认知或思考，而在这方面羞耻感拥有巨大优势。当羞耻感来临时，我们几乎总是被大脑的边缘系统所控制。换句话说，即我们进行所有思考、分析和制定策略的前额皮质，被我们大脑中本能的"迎战或逃避"反应挤到了一边。

神经学家大卫·伊格曼（David Eagleman）在他的著作《隐藏的自我》（Incognito）中将大脑描述为一个"竞争对手的团队"。他写道："在你的大脑中，不同体系之间正在进行对话，每个体系都在竞相控制你行为的单一输出通道。"他对占主导地位的理性和感性两大体系进行了阐述："理性体系关注的是对外界事物的分析，而感性体系则负责监控内部状态，担心情况是好是坏。"伊格曼的观点是，由于双方都在努力控制一种输出——行为，因此，情绪可能会打破决策的平衡。我想说的是，当这种情绪是羞耻感的时候，绝对会是这样的。

我们的"迎战或逃避"策略对于生存是有效的，对于理性或人际联结却并非如此。**羞耻感带来的痛苦足以触发我们大脑中负责让我们存活下来的那部分，它会让我们跑，让我们躲，**

让我们出来攻击。事实上，当我问研究人员在开始研究羞耻感复原力之前，他们对羞耻感的反应通常如何时，我听到了很多这样的回答：

- 当我感到羞耻时，我就像一个疯子。我会做一些通常不会做的事，说一些通常不会说的话。
- 有时候，我就是希望能让别人和我一样感到羞耻。我只想冲别人发火，对着他们大喊大叫。
- 当我感到羞耻的时候，我会很绝望。那感觉就好像已走投无路——找不到人倾诉。
- 当我感到羞耻的时候，无论是在心理上还是在情绪上，我都会表现出来。就算是和家人在一起，也会这样。
- 羞耻感会让你觉得自己跟外界疏远了。我会躲起来。
- 有一次我停车准备加油，没想到信用卡被拒用。我知道是那个家伙在故意刁难我。我把车开出加油站时，我三岁的儿子突然哭了起来。我就开始尖叫："闭嘴……闭嘴……快给我闭嘴！"信用卡的事让我感到羞耻，让我抓狂。然后，我对着儿子大吼大叫，这让我再一次感到羞耻。

在思考该如何保护自己免受羞耻感伤害时，我从卫斯理学院斯通中心（The Stone Center at Wellesley）的宝贵研究中获得了启发。琳达·哈特林博士（Dr. Linda Hartling）曾是斯通中心的关系文化理论学家，现在是人类尊严与羞辱研究中心（Human Dignity and Humiliation Studies）的负责人。她借用已故心理学家卡伦·霍尔奈（Karen Horney）著作中关于**"趋众、逆众、离众"**（moving toward, moving against, and moving away）的策略概述了我们用来应对羞耻感的抽离策略。

哈特林博士认为，为了应对羞耻感，我们中有些人会退缩，会隐藏，会沉默，会保密，以此达到离众的目的。有些人会采取趋众的策略，寻求安抚并讨好别人。还有些人则选择逆众，咄咄逼人，用羞辱来对抗羞耻感（比如给对方发送言辞刻薄的电子邮件），试图凌驾于他人之上。我们大多数人都使用过这三种策略——出于不同的原因，在不同的时间，应对不同的人。但这三种策略都会让我们远离联结，而联结能让我们从羞耻感的痛苦中抽离出来。

关于羞耻感，我有段亲身经历，这段经历对所有这些概念都做了生动的阐述。它不是我最美好的回忆，却是一个很好的例子，能说明为什么培养和练习羞耻感复原力很重要。当然，前提是我们不想在痛苦的情境中体验更多的羞耻。

首先，我先从故事背景开始。拒绝演讲邀请对我来说是一个会让我感到脆弱的过程。多年来，我一直在取悦他人、完善自我，这让我在做出令别人扫兴的事情后总感觉不太自在——**我心底的"好女孩"不喜欢让别人失望**。小魔怪们仿佛在我耳边悄声说："他们会觉得你忘恩负义。""不要那么自私。"我还担心,如果我拒绝的话就没人再邀请我了。这时,小魔怪们会说:"你还想再休息?小心祸从口出——你喜欢的工作有可能会离你而去哟。"

从我关于"全心投入"及如何实现从"人们会怎么议论我"到"我已经够好了"的转变的十二年研究中,我找到了新的应对方法——设定界限。在我采访过的人中,人脉最广、最有同情心的人都会设定并尊重界限。我不想就这样把所有时间都用于研究"全心投入",用于飞来飞去开讲座谈论"全心投入",我想全心投入地生活。于是,我拒绝了大约80%的演讲邀约。只有那些跟我的家庭活动、研究任务和日常生活不冲突的演讲,我才会去。

2011年,我收到了一封电子邮件,发件人是个男的,他对我怒气冲冲,原因是我不能去他主持的一个活动上做演讲。我之所以拒绝他的邀请,是因为这一天正好是我家人的生日。这封电子邮件言辞刻薄,通篇都在进行人身攻击。我的小魔怪们都要窃笑了!

我当时没打算回复,而是决定把这封邮件转发给我的丈夫,并附上备注,告诉他我对这个家伙和他发来的邮件的真实想法。我需要释放我的羞愧感和愤怒。相信我,那封信可不是"好女孩"式的电子邮件。我既不能肯定也无法否认我使用过"放狗屁"这个粗俗的词,还用了两次。

然而,我点击了"回复",而不是"转发"。

我按下了发送键,我的苹果笔记本电脑里传出了类似飞机发出的嗖嗖声,我尖叫道:"回来!快回来!"我紧盯着屏幕,羞愧之情此起彼伏，让我完全动弹不得。这时，那个男人回复了我几行字："啊哈！我就知道！你真是个可怕的人。你做不到全心投入。你太差劲了。"

羞耻感攻击已经火力全开。我口干舌燥，时间仿佛也慢了下来，我觉得压抑得慌。我挣扎着咽了咽口水，这时小魔怪们又开始窃窃私语："你可真是差劲！""你怎么这么笨？"它们总是知道该说什么。我一喘过气来，就开始喃喃自语："痛，痛，痛，痛，痛……"

这个策略是卡罗琳（Caroline）想出来的，她是我在研究早期采访过的一位女性，几年后，在她练习了羞耻感复原力之后，我再一次采访了她。她告诉我，每当她感到羞耻时，就会立刻大声重复"痛"这个字。"我会喊：'痛，痛，痛，痛，痛，痛，痛……'"她告诉我，"我知道这听起来很疯狂，我可能看起来像个疯子，但出于某种原因，这一招确实管用。"

当然管用！**这是一个摆脱蜥蜴脑（lizard brain）生存模式，并将前额皮质拉回原位的绝妙方法。**在呻吟了一两分钟的"痛痛痛"之后，我深吸了一口气，努力集中注意力。我想："好吧。羞耻感在攻击我。我没事。下一步怎么做？我能做到。"

我感觉身体上出现了复原征兆，这些征兆让我重启大脑开始思索，我想起了之前的"忍者勇士训练"，对我来说，这是从羞耻感中复原过来的最有效的方法。好在，这三个步骤我已经练得足够久了，所以我知道，虽然它们完全违反直觉，但我必须相信这个过程：

1. 鼓起勇气，敞开心扉！是的，我想躲起来，但是要想战胜羞耻感，为自己赢得荣耀，我们就必须将自己的经历与那些有权聆听的人分享——那些人不会无视我们的脆弱，反而会因为我们的脆弱而爱惜我们。

2. 用你和心爱的人说话的方式，用你努力安慰那些情绪崩溃的人的方式，告诉自己："你会没事的。你是人，是人都会犯错。我支持你。"当羞耻感袭来时，我们往往会用一种惯用方式进行自我沟通，但我们绝不会将这种方式用于自己所爱且尊重的人身上。

3. 掌控自己的故事！不要把故事掩埋起来，任凭它腐烂或者自我定义。我常大声说："如果你是这个故事的主人，你就能写出故事的结局。如果你是这个故事的主人，你就能写出故事的结局。"如果我们埋葬这个故事，我们永远都只是故事中的主人公。我们只有掌控故事，才能够讲述故事的结局。正如卡尔·荣格（Carl Jung）[①]所说："我不是发生在我身上的事。我选择成为什么样的人，我就是什么样的人。"

[①] 卡尔·荣格（1875—1961），瑞士心理学家。1907年开始与西格蒙德·弗洛伊德合作，发展及推广精神分析学说，之后因与弗洛伊德理念不和，与之分道扬镳，创立了荣格人格分析心理学理论。——译者注

CHAPTER 3
理解并克服羞耻感（又名"忍者勇士训练"）

尽管我知道，在体验了羞耻感之后，最危险的事情就是隐藏或埋葬自己的故事，但我还是不敢打电话与人分享我的故事。不过，我最终还是打了。

我给我丈夫史蒂夫和我的好朋友凯伦都打了电话。他们给了我当时我最需要的东西——同理心。同理心能为我们提供最好的暗示：我们并不是孤立无援的。同理心传达的不是评判（这会加剧羞耻感），而是简单的确认："你并不孤单。"

同理心是联结，它是搭在羞耻感洞口外的梯子。史蒂夫和凯伦不仅通过倾听和爱帮助我从洞里爬了出来，而且他们还分享了自己在同一个洞里待过的一段时光，借此让自己也展现了脆弱。同理心并不要求我们拥有与分享故事者完全相同的经历。凯伦和史蒂夫都没发送过那样的电子邮件，但他们都非常熟悉小魔怪和"被抓现行"的感觉，以及"哦，见鬼！"的经历。同理心是与某人正在体验的情绪相连接的，而不是与事件或环境相连接的。在我意识到自己并不孤单、自己的经历很普遍时，羞耻感就消失了。

有趣的是，史蒂夫和凯伦的回应完全不同。史蒂夫更严肃，他的回应更类似于"天哪，我知道那种感觉！"。凯伦的回应则让我在半分钟内就哈哈大笑起来。他们的回应有个共同点，就是体现了"我也是"的力量。同理心是一种奇怪而强大的东西。这里面没有剧本，也没有正确或错误的方法。**它只是倾听，保留空间，不做评判，建立情感联结，并传达"你并不孤单"这一令人难以置信的治愈信息。**

与史蒂夫和凯伦的谈话让我克服羞愧感重新振作了起来，于是，我回复了那个男人那封"我就知道！"的邮件，这次我做回了真实的自己，对自我价值充满自信。我在邮件中承认自己对这次口角负有不可推卸的责任，并为自己的不当言论道了歉。我还为以后的沟通设定了明确的界限。这封邮件发出后便石沉大海，我再也没有收到他的回复。

羞耻感因保守秘密而产生，进而愈演愈烈。说到秘密，"十二步疗法[①]"背后有一些严肃的科学依据："人们越是严守秘密，心里越是难受。"在一项开创性的研究中，心理学家、得克萨斯大学教授詹姆斯·彭尼贝克（James Pennebaker）和他的同事们一起对创伤幸存者——尤其是强奸和乱伦幸存者——隐瞒自己的经历时会发生的情况做了研究。研究团队发现，对创伤事件只字不提或者不向他人倾诉的行为，都有可能比事件本身更具破坏性。相反，当人们说出他们的故事和经历时，他们的健康状况得到了改善，就诊次数减少了，压力荷尔蒙也显著下降了。

从早期关于保密效果的研究开始，彭尼贝克就将他的大部分精力集中在研究**表达性写作**的治愈能力上。彭尼贝克在他的《书写的疗愈力量》（Writing to Heal）一书中写道："自20世纪80年代中期以来，越来越多的研究开始关注表达性写作作为一种治疗方法的价值。越来越多的证据表明，人们每天只需花

[①] 又称"十二步项目"，最早由"嗜酒者互戒会"（Alcoholic Anonymus）提出，为戒除酒瘾的十二个程序步骤。——译者注

15分钟或20分钟时间写下创伤经历，坚持3~4天，身心健康方面就会产生可衡量的变化。情绪化的写作也会影响人们的睡眠习惯、工作效率以及与他人的联结方式。"

羞耻感复原力的培养是一种练习。 和彭尼贝克一样，我认为记录我们的羞耻感体验是这一练习中非常有力的组成部分。培养敞开心扉谈论困难之事的勇气，是需要时间的。如果你正巧看到这里，并在思考"我希望能够和我的伴侣、朋友或孩子聊聊我的'秘密'"——那就去做吧！如果你想的是"羞耻感已经成了一种管理方式，难怪大家的关系都疏远了，我们应该谈谈这个问题"——那就去做吧！在交谈之前，你不需要先弄清情况或者掌握信息。你只需要说："我最近在看一本书，书里有一章是讲羞耻感的。我想和你谈谈羞耻感。如果我把书借给你，你能看一下吗？"

下一节我们要讲的是男性、女性、羞耻感和价值感。我猜，你也想让他们看看这部分内容。我对男性和羞耻感的了解改变了我的生活。

网与箱：男人和女人的羞耻感存在差异

在研究羞耻感的头四年里，我只关注女性。当时，许多研究人员认为，男人和女人关于羞耻的感受是不同的，今天仍有人持这种观点。我担心，如果我把男性和女性的数据结合起来，就会错过他们的经历中的一些重要的细微差别。我承认，我之所以选择只采访女性，部分原因是我认为说到价值感，女性才是最挣扎的。在某种程度上，我认为我的抗拒也基于一种直觉，即采访男性就像跌跌撞撞地闯入一个陌生的新世界。

事实证明，这绝对是一个陌生的新世界——**一个充满无言伤害的世界**。2005年，我在一次演讲结束时瞥见了这个世界。一个瘦削的高个子男人（我猜他有六十多岁）跟在他妻子身后来到房间前方的签售处。他穿着一件黄色的Izod牌高尔夫球衫——我永远都不会忘记他这身装扮。我和他妻子谈了几分钟，还在她为自己和女儿买的一摞书上签了名。正当她准备走开时，她的丈夫转身对她说："我马上就来——等我一分钟。"

他妻子显然不希望他留下来跟我说话。她试着说了好几声"拜托"想劝服他，但他并不打算妥协。我想的当然是"跟她一起走吧，老兄。你吓到我了"。劝说失败后，他妻子走向房间的后方，而他转过身来，站在签售桌旁看着我。

他的开场白并无恶意。"我喜欢你对羞耻感的见解，"他对我说，"很有意思。"

我谢了他，然后等着——我看得出来他还有好多话要说。

他探过身来，问道："我很好奇。男人和羞耻感呢？你对我们男人了解多少？"

我立刻感到如释重负。这不会占用我很长时间，因为我知道

CHAPTER 3
理解并克服羞耻感（又名"忍者勇士训练"）

的不多。我解释说："我很少采访男性。我只是对女性有研究。"

他点点头说："嗯。那倒是方便。"

我心里咯噔一下，感觉脖子后面的汗毛都立起来了。我勉强挤出一丝笑容，大声问道："您为什么用'方便'这个词？"每次心里不舒服的时候，我都会提高音量。他问我是否真的想知道原因。我说"是的"，其实我没有完全说实话，我心里还是有防备的。

下一刻，他双眼噙着泪水说道："我们也有羞耻感。深深的羞耻感。但当我们敞开心扉说出自己的故事时，我们的情绪就会失控。"我努力直视着他。他剧烈的痛苦触动了我，但我还是有所防备。我正准备说男人对彼此有多严苛时，他又开口了："在你谈论那些刻薄的教练、老板、兄弟和父亲之前……"他指着房间的后方，他的妻子正站在那里，他接着说，"我的妻子和女儿——你刚才签名的那一堆书就是她们的——**她们宁愿看到我骑着白马死去，也不想看到我从马上跌落。**你说你想让我们展现脆弱和真实，拜托，你会受不了的。看到我们这样，你会觉得恶心。"

我屏住呼吸，他的话激起了我的本能反应。只有说真话才能打动我。他长叹了一口气，刚一开口就说："我想说的就是这些。谢谢你的倾听。"然后他就走开了。

我花了多年时间研究女性，听她们讲述内心的挣扎。在那一刻，我意识到男人也有他们自己的故事，如果我们想找到摆脱羞耻感的方法，得把男性和女性放在一起研究才行。所以，这一节内容是关于我对女人和男人的了解，以及男女双方是如何互相伤害，又是如何需要彼此来疗伤的。

我对男性和女性的研究表明，男人和女人一样，都会受到羞耻感的影响。助长羞耻感的信息和期望无疑有性别之分，但是羞耻感是普遍存在的，所有人都经历过这种感受。

女人和羞耻网

当我鼓励女性说出她们对羞耻感的定义或相关经历时，我听到的是：

- *看起来很完美。做得完美。尽善尽美。所有的不完美都是令人羞耻的。*
- *被其他母亲评判。*
- *被揭露——你想对所有人隐藏的缺点都暴露无遗。*
- *无论我取得了什么成就或我走了多远，我的出身和过往经历都会让我觉得自己不够好。*
- *尽管所有人都知道没有办法做到尽善尽美，但大家仍然满怀期待。羞耻感是当你明明无法掌控某事时，却表现得一切尽在控制之中。*

- 在家的表现永远不够好。工作表现永远不够好。床上的表现永远不够好。对父母永远不够好。羞耻感就是永远不够好。
- 冷冰冰的桌子旁没有座位。漂亮的女孩在哈哈大笑。

如果你回忆下十二种羞耻类别（容貌和身材、金钱和工作、母亲/父亲身份、家庭、子女的养育、心理和身体健康、成瘾、性、衰老、宗教、幸存的创伤、被定型或贴标签），你会发现，就其影响和普遍性而言，女性的羞耻感的首要触发因素仍然是第一类：容貌和身材。无论我们如何增强自我意识和批判意识，我们仍然会为自己不够苗条、不够年轻、不够漂亮而感到羞耻。

有趣的是，**就女性的羞耻感诱因而言，"母亲身份"这个因素排在了第二位**。而且，令人意想不到的是，你不必成为母亲就能体验到当母亲的羞耻感。社会认为女性和母亲这一身份是密不可分的，因此，我们作为女性的价值往往取决于我们作为母亲或潜在的母亲所处的位置。女性经常被问到为什么她们还没有结婚，如果她们已经结了婚，就会被问为什么还没有孩子。甚至连已婚并育有一个孩子的女性也经常被问，问她们为什么不生二胎。如果你的孩子离你太远，你就会被问："你是怎么想的呀？"如果离得太近，又会被问："为什么呀？这对孩子太不公平了。"如果你离开家去工作，你遇到的第一个问题就是这样的："那孩子怎么办？"如果你不工作，你遇到的第一个问题又会是这样的：

"你给你的女儿树立了什么样的榜样？"作为母亲的羞耻感无处不在——这是未婚少女和已婚妇女与生俱来的尴尬处境。

女性内心真正的挣扎——它放大了女性各种类别的羞耻感——是我们被期望（有时我们自己也渴望）变得完美，但我们又不被允许看起来像是在为之努力。我们希望它能以某种轻松的方式实现，认为一切都应该毫不费力。我们期望自己天生丽质，期望自己天生就知道如何当母亲、如何当领导，并且擅长养育儿女，我们想要一个天赐的完美家庭。想想看，那些承诺给女性"自然容颜"的产品赚了女人多少钱。当说到工作时，我们喜欢听到这样的评价，比如"有她在，事情就容易多了"或者"她真是天资聪慧"。

在翻阅女性受访者提供的有关羞耻感的定义和示例时，我一直在构想一个网。我看到的是一个黏性十足、纵横交错的网，它由一层又一层相互冲突、相互竞争的期望交织而成：

- 我们应该是谁。
- 我们应该成为什么样的人。
- 我们应该怎样。

当我想到自己为做到十全十美所付出的努力（这是女性适应社会要做的事）时，我发现我的每一次努力都让自己泥足深陷。每当我试图从这张网里挣脱出来时，我都会被困得更牢，因为每一个选择都会产生一定的影响，或者会让某些人失望。

网是对典型的两难处境的隐喻。作家玛丽莲·弗莱（Marilyn Frye）将两难处境描述为"一种选择极为有限的情况，并且所有的选择都会使我们受到惩罚、责难或蒙受损失"。如果你怀着相互竞争、相互冲突的期望（这些期望往往从一开始就无法实现），你就会这样想：

- 要尽善尽美，但不要小题大做，不要为了追求完美而牺牲陪伴家人、伴侣的时间，或者占用工作时间。如果你真的很优秀，完美应该不难做到。
- 不要惹恼任何人，也不要伤害任何人的感情，但是要说出你的想法。
- 打扮得女性化些（在孩子们入睡后，在遛完狗后，在打扫干净房间后），但在家长会上不用穿得太性感。还有，天啊，不管你做什么，千万不要将这两种场合混淆——你知道我们会怎样八卦家长会上那些性感尤物。
- 做你自己，但不要表现得害羞或不自信。没有什么比自信更性感了（尤其是在你既年轻又性感的时候）。
- 不要让别人觉得不舒服，但要坦诚待人。
- 不要太情绪化，但也不要太超凡脱俗。太情绪化，你会歇斯底里；太超凡脱俗，你就会变成一个冷酷无情的贱人。

美国有一项研究是关于女性行为规范的，研究人员最近列出了与"女性化"相关的最重要的属性：待人友善，追求苗条的身材，以不凸显才能的方式来表现自己的谦逊，照顾好家庭和孩子，努力经营婚姻/爱情，对伴侣忠贞不贰，以及利用资源精心呵护自己的容颜。

说白了，**女性必须愿意尽可能地保持娇小的体形、甜美的声音和安静的性格，并千方百计地让自己看起来秀色可餐。我们的梦想、抱负和天赋并不重要。**然而，上帝不允许那些身怀治愈社会弊病绝技的年轻女孩发现这个列表，并遵循这些规则。如果她们这样做了，我们永远也不会了解她们的天赋——我很确信这一点。为什么？因为我采访过的每一位成功女性都跟我谈起过，有时她们每天都在挣扎着突破"规则"，只有这样她们才能坚持自己的主张，支持自己的想法，并对自己的能力和天赋感到满意。

即使对我来说"娇小、甜美、安静、谦虚"的问题听起来已经过时了，但事实是，只要我们找到自己的发言权并发出自己的声音，我们仍然会遇到这些要求。当我在 TEDx 休斯敦演讲的视频风靡网络时，我想躲起来。我恳求史蒂夫侵入 TED 网站，"把整个系统都毁掉！"我还幻想过闯入他们保存视频的办公室，然后盗走视频。我失望透顶了。就在那时，我意识到，在我的整个职业生涯中，我一直在无意识地保持狭窄的工作受众面。我喜欢为固定的读者群体写作，因为在已经认同你的人面前阐述自己的观点既容易又相对安全。我的作品在全球迅速传播，这正是我一直刻意避免的。我不想被曝光，也害怕网络文化中猖獗的恶意评论。

这种刻薄的恶意评论出现了，而且其中绝大多数都是为了强化那些已经过时的规则。有家新闻媒体在他们的网站上共享了这段视频，网站评论区爆发了一场激烈的争论，焦点就是（当然是）我的体重。"她明显需要减掉15磅，她怎么好意思谈论价值感呢？"在另一个网站上，关于母亲情绪崩溃是否合适的争论愈演愈烈。"我为她的孩子感到难过。好母亲是不会崩溃的。"另一位评论者写道："少做研究，多打肉毒杆菌吧。"

我在为美国有线电视新闻网（CNN）网站写一篇关于不完美的文章时，类似的事情又发生了。为了配合这篇文章，编辑用了一张我给一个好友拍的照片，照片中她的胸前写着"我很美"。这张照片很漂亮，我一直将它挂在书房留作纪念。没想到，这张照片竟引发了一些评论，比如"她可能以为自己够美了，但她的胸部还有提升的空间哟"以及"如果我长得像布琳·布朗，我也会接受不完美的"。

我知道这些例子反映了我们今天的残酷文化，这种文化认为人人都是公平竞争的，但请仔细想一想，他们选择了什么样的攻击手段和攻击对象。他们步步紧逼，针对的是我的外表和我的母亲身份——这是从女性行为规范列表中直接拿来的两个"撒手锏"。他们没有把矛头对准我的才智或者论点，因为那样的打击不够有力。

所以，那些针对女性的社会规范并没有过时，尽管它们已被

简化，但仍在挤占我们的生活，而羞耻感正是实施这些社会规范的途径。这又一次提醒了我们，为什么羞耻感复原力是敢于脆弱的先决条件。我认为自己在 TEDx 休斯敦的演讲中做到了无所畏惧，坦白自己的内心挣扎对我来说已经很勇敢了，因为我习惯开启自我保护程序，把研究当作盔甲保护自己。我还站在讲台前（还坐在这里写这本书）的唯一原因是，我已经拥有了非常厉害的羞耻感复原力，而且我非常清楚勇气对我的重要性。

我清楚地感受到这些评论激起了我的羞耻感，我会迅速地根据这些伤人的评论对号入座。是的，这些评论仍然让我很受伤，它们激怒了我，我为此号啕大哭过，还想让自己消失。但我给了自己几个小时或几天的时间去感受这些负面情绪，然后我敞开心扉，向我信任和爱的人倾诉感受，之后继续前行。我觉得自己变得更勇敢、更有同理心了，与他人的关系也更亲近了。（我也不再翻看匿名评论。如果你不曾和我们一起站在竞技场上，也没有战斗过或被别人揍过，那我对你的反馈不感兴趣。）

男人的羞耻感体验

在我鼓励男性受访者给羞耻下定义或者给我一个相关回复时，我听到的是这样的回答：

- 羞耻就是失败。它表现在工作中、足球场上、婚姻中、床上、金钱方面,以及和孩子的相处上。这并不重要——羞耻就是失败。
- 羞耻是被人冤枉。不是做错了,而是被冤枉。
- 羞耻是一种觉得自己有缺陷的感觉。
- 当人们认为你软弱时,你就会感到羞耻。不够强硬既是自贬身份,也是令人羞耻的。
- 暴露任何弱点都是令人羞耻的。说白了,羞耻就是软弱。
- 表现出恐惧是令人羞耻的。你不能表现出恐惧。你不能害怕——无论如何都不能。
- 羞耻被视为"你可以把它塞进储物柜的东西"。
- 我们最害怕的是被批评或嘲笑——其中任何一种都是非常令人羞耻的。

基本上,男人生活在一种残酷观念的压力之下:不能被视为弱者。

每次我带的研究生要去采访男性时,我都会让他们做些准备,因为他们极可能遇到三件事:高中经历、体育方面的隐喻和"没种(pussy)"这个词。如果你不敢相信我竟然提到这么粗鄙的词,我明白你的想法。这是我最不喜欢的一个单词。但是,作为一名研究人员,我知道如实地说出真相很重要,这个词在采访中经常出现。如果我问"羞耻感隐含的意思是什么",那么,无论这个男人是 18 岁还是 80 岁,答案都是"Don't be a pussy(别做胆小鬼)"。

当我第一次记录自己对男性的采访时,我用了一个箱形图——看起来像一个航运箱——来解释羞耻感是如何困住男人的。就像要求女性要天生丽质、身材苗条、事事完美,尤其要擅长养儿育女一样,这个箱子里也有规则,它们告诉男人应该做什么、不应该做什么,以及他们应该成为什么样的人。但对男人来说,每条规则都会回归到同一条指令:不要软弱。

我永远不会忘记我曾经采访过一群大学生,其中有个 20 岁的年轻人,他对我说:"让我给你看看这个箱子。"我知道他个头儿高,但还是没料到他起身后至少有六英尺四英寸(约 1.93 米)高。他蹲下身子假装自己被塞进了一个小箱子里,说:"**想象一下这样的生活。**"

他弓着腰说:"你真的只有三个选择:一辈子都挣扎着要出去,对着箱子拳打脚踢,希望它会破掉——你因此总是怒意难平,而且总是犹豫不决;或者干脆放弃,什么都不在乎。"就在这时,他瘫倒在地上。房间里安静得甚至能听到一枚别针落地的声音。

然后,他站起身来摇了摇头,说:"要不你就站在高处,这样你就不会真切地感觉到那么做有多难以忍受了。这是最简单的办法。"学生们将"站在高处"当作救命稻草,发出了紧张的笑声。在谈论羞耻或脆弱经历时，这种情况经常发生——任何可以缓解紧张的事情都会发生。

但这个勇敢的年轻人没有笑，我也没有笑。他的示范是我有幸看到的最诚实、最勇敢的行为，我知道，那个房间里的人都深受触动。采访结束后，他向我讲述了他的成长经历。他从小就热爱艺术，很小的时候他就确信如果能画一辈子画，他会非常开心，说出这个想法时他退缩了。他说，有一天他和父亲、叔叔都在厨房，叔叔指着贴在冰箱上的几张画（都是他画的），开玩笑地对他父亲说："什么？你现在养的是个同性恋艺术家？"

他说，从那以后，对他追求艺术一直持中立态度的父亲开始禁止他画画。就连一向为他的才华感到骄傲的母亲，也认为画画"太娘娘腔"。他告诉我，在这一切发生的前一天，他还画了一张他家房子的画，到那天为止，那是他画的最后一张画。那天晚上，我为他流泪了，也为我们所有没能看过他画作的人流泪。我一直在想念他，希望他能重新找回自己的艺术之梦。我知道放弃画画对他来说是一个巨大的损失，我同样确信，这个世界正在失去一个艺术家。

不要理睬躲在幕后的人

在越来越了解男人及其羞耻经历后，我仍然会看到那张箱形图，上面有一个巨大的印章，印章上写着"小心：不要被视为弱者"。我知道男生是如何一出生就被关进板条箱的。他们刚学走路的时候，箱子里还不太拥挤，他们个头儿还小，可以在里面活动。他们可以哭，可以抱着妈妈，但是他们越长越大，活动的空间就越来越小。等他们长大后，待在箱子里简直令人窒息。

就像女人一样，男人也陷入了两难境地。在过去的几年里，特别是在经济衰退之后，我开始关注《绿野仙踪》里的盒子。我指的是那个小小的、被窗帘遮挡着的盒子，巫师站在盒子里，操控着他那机械化的"伟大且强大"的奥兹国形象。**匮乏感已经牢牢占据了我们的文化，它不仅是"不要被视为弱者"，也是"你最好是伟大且强大的"**。我第一次想起这个画面是在采访一个男人的时候，他因"被裁员"而深感羞耻。他告诉我："这很可笑。我父亲知道这件事，我最亲密的两个朋友也知道，但我妻子不知道。六个月过去了，每天早上我还是穿好衣服，就像去上班一样离开家。我开车穿过市区，坐在咖啡店里找工作。"

虽然我的采访经验还算丰富，但我可以想象得到我脸上的表情，上面明明白白地写着"你到底是怎么做到的？"。没等我提出下一个问题，他就解释说："她不想知道。如果她已经知道了,她会希望我继续假装下去。相信我,如果我找到新的工作,回来告诉她,她会很感激的。知道的太多会改变她对我的看法。所以,她没有追究。"

我并没有准备要从男人那里一遍又一遍地听到他们生活中的那些女人——母亲、姐妹、女友、妻子——不断地指责他们不够坦诚、不够脆弱、不够亲密,她们一直站在那个狭窄的巫师壁橱前,男人们则挤在里面,调整着窗帘,确保没有人看到里面,也没有人出去。有一次,我采访完一小组男性受访者后开车回家,有那么一瞬间,我心想,天哪,我成了男权主义者了。

这是我从对男性的研究中得出的痛苦模式:我们要求他们展现脆弱,乞求他们让我们进入他们的世界,恳求他们告诉我们他们什么时候会害怕,但事实是,面对真相,大多数女性都无法忍受。当真正的脆弱发生在男人身上时,我们大多数人都会因恐惧而退缩,这种恐惧有多种表现,它可能是失望,也可能是厌恶,或者二者之间的任何一种情绪。男人很聪明。他们知道其中的风险,在我们思考的时候,他们能从我们的眼神中读出这样的信息:"加油!振作点。拿出男人的样子来。"乔·雷诺兹(Joe Reynolds)——他是我的一位导师,也是我们教堂的院长——曾在一次关于男人、羞耻感和脆弱的谈话中告诉我:"男人知道女人真正想要的是什么。女人希望我们男人假装脆弱。我们真的很擅长伪装。"

隐蔽的羞耻感和显性的羞耻感一样伤人。举个例子,有个男人告诉我,他总是因为钱的问题感到羞耻。他说,最近的一次羞耻经历是他妻子回家对他说："我刚去看了凯蒂的新房！真是太漂亮了。她很高兴终于得到了梦寐以求的房子。不仅如此，她明年就要辞职了。"

他告诉我，他的第一反应是愤怒。于是，他和妻子就她母亲前来拜访一事发生了争执，然后他很快就把自己关进了另一间屋子。我们聊起了他们的那次谈话，他说："这就是羞耻感。为什么她要提那件事？我知道，凯蒂的丈夫挣了很多钱，把她照顾得更好。我根本没法和他比。"

我问他是不是觉得妻子是在故意伤害他或者羞辱他，他回答说："我不确定。谁知道呢？我拒绝了一份薪水高得多但要求每月出差三周的工作。她说她很支持我，她和孩子们会非常想念我的，但现在她总是很少谈及钱。我不知道该怎么想。"

愤怒或沉默不语

我不想把一些复杂的事情简单化，比如对羞耻感的反应，但我必须说，对于羞耻感，男人似乎有两种主要的反应：愤怒或沉默不语。当然，就像女人一样，当男人拥有羞耻感复原力时，情况就会发生变化，他们会用感悟力、自我关爱和同理心来回应羞耻感。但是，如果没有这种意识，当男人感到自己的不足和渺小时，他们通常会以**愤怒**和/或**沉默不语**的方式来回应。

在积累了足够多的采访实例，可以从中发现固有模式和主题后，我安排了对几位专门研究男性问题的男性治疗师的采访。我想确认我没有根据自己的经历来过滤我从男性受访者那里听来的信息。当我问其中一位治疗师"愤怒或沉默"的概念时，为了解释这一点，他给我讲了下面这个故事。

刚升入高中时，他就试着加入了足球队。在训练的第一天，教练让男生们排好队准备进行队内分组比赛。这位治疗师从小就经常在家附近踢球，但这是他第一次上场比赛，他身着全套球衣，对面站的是那些想击败他的男孩。他说："我突然害怕起来。我在想待会儿受伤会有多痛，我猜当时我脸上肯定露出了恐惧的表情。"

他说，教练大声喊着他的名字，说："别当胆小鬼！准备发球。"他说，他立刻感到羞耻感在全身蔓延开来。"就在那一瞬间，我变得非常清楚这个世界是如何运转的，以及作为一个男人意味着什么：

> 我不能害怕。
>
> 我不能表现出恐惧。
>
> 我不能脆弱。
>
> 羞耻是害怕，是表现出恐惧，是脆弱。

我问他接下来做了什么，他看着我的眼睛说："我把恐惧变成了愤怒，击败了我面前的那个家伙。这一招非常有效，所以，在接下来的二十年里，我把自己的恐惧和脆弱变成了愤怒，并压制了所有跟我作对的人，我的妻子、我的孩子和我的员工，无一例外。在恐惧和羞耻感之下，没有别的出路了。"

在他对我说这些话的时候，我从他的声音里听出了悲伤和笃定。 他这么说是完全有道理的。恐惧和脆弱是一种强大的情感。你不能只是希望它们离开，你需要做出应对。事实上，许多男性在跟我聊"愤怒或沉默"时，都会用到一些非常生理性的描述。这就好像羞耻感、批评和嘲笑在生理上是无法忍受的一样。

那位治疗师总结道："当愤怒和酗酒无法控制时，我开始接受治疗。那时候它们已经开始伤害我的婚姻和我与孩子的关系。这也是我目前专门研究男性问题的原因。"

羞耻感复原力——我们之前讨论过的四个要素——指的是在面对羞耻感时能找到一条折中的路，这条路可以让我们保持专注，找到面对情感所需的勇气，并以符合我们价值观的方式做出回应。

我们对自己和对他人一样苛刻

就像父亲责备他那崭露头角的艺术家儿子，或者教练责备他的球员一样，女人也会对其他女人非常苛刻。**我们对别人苛刻，是因为我们对自己很苛刻**。这也正是评判起效的原因。找个人来贬低、评判或批评，成为一种摆脱羞耻感或者把人们的注意力从自己身上引开的方式。我们会想，如果他/她在某件事上做得比我差，我挺过去的机会就会更大。

我和史蒂夫曾遇到过救生员和游泳教练。救生员救人时的一条重要规则是，在跳入水中并试图将某个人救出之前，要先利用其他一切可能的手段施救。即使你是一个矫健的游泳能手，你的个头儿是救援对象的两倍，但一个绝望的落水者会抓住一切办法来自救，如抬头吸气，甚至包括在求生过程中牺牲你。女人和羞耻网也是如此。我们不顾一切地想要出去，远离羞耻感，以致我们总是把身边的人当作更有价值的猎物。

讽刺的是（或许是自然而然的），研究显示，我们会在自己容易感到羞耻的领域对别人进行评判，尤其会挑选那些做得比我们差的人。如果我对自己在养育子女方面的表现感到满意，我就没有兴趣去评判别人。如果我对自己的身材感到满意，我就不会到处取笑别人的体重或外表。**我们互相苛责，是因为我们把彼此当作摆脱羞耻感的跳板**。但这么做不仅会伤害别人，对自己也没有好处。如果你仔细观察中学阶段的"坏女孩"文化，你会发现，这种文化是有传染性的。**是我们成年人把这种虚伪的生存机制传染给了我们的孩子。**

我在对教师和学校管理者的采访中，发现了两种直接反映这个问题的模式。教师和校长提到的第一种模式是，经常欺负他人或通过贬低他人来争夺社交地位的孩子，他们的父母也有同样的行为。说到女生的问题时，采访中不断出现的一句话是"父母对女儿的这种行为并没有感到不安，他们为女儿如此受欢迎而自豪"。一位学校管理人员认为，这种行为就好比那些当爸爸的开口先问："那，他打架打赢了吗？"

另一种模式是最近几年才出现的，那就是孩子的**欺凌行为出现的年龄正不断降低**。在我开始这项工作的时候，"欺凌"并不是一个热门话题，但是作为一名羞耻感研究者，我意识到这个趋势正变得越来越明显。其实，十多年前，我就为《休斯敦纪事报》（*Houston Chronicle*）写过一篇关于校园欺凌和真人秀节目的专栏文章。那时我关注的是13~19岁的孩子，因为数据显示出现这些行为的孩子大多处于这一年龄段。然而，在过去的几年里，我听说连一年级的女孩和男孩都开始出现这种行为。

我们如何打破这种危险的模式？ 或许可以通过认识到（并向孩子们展示）应对办法并不是诋毁那些和我们一样深陷其中的人，而是和他们携起手来，共同摆脱羞耻感。举个例子，假设我们在杂货店推着购物车从一位母亲身旁经过，她的孩子发出了配得上血腥谋杀案发现场的恐怖尖叫声，还把麦片扔在了地上，我们可以有以下几种做法。如果我们选择借机来确认自己比这位母亲更懂如何养育孩子，而她深陷羞耻网的原因是不会发生在我们身上的，我们便会不以为然地翻着白眼走开。另一种选择是向这位母亲露出我们最美的笑容,让她知道"不是只有你一个人遇到过这种情况——朋友,我也经历过",因为我们很清楚她当时的感受。是的,表达同理心需要我们展示一些脆弱,对方有可能并不领情,摆出一副"别多管闲事"的表情,但还是值得去做的。这不仅为她松开了紧绷的羞耻网,等下一次我们自己的孩子在公共场合胡闹的时候,面对撒了一地的麦片,困住我们的羞耻网也会松弛下来——绝对会这样。

关于人们是否愿意伸出援手互相支持这一点,让我感到充满希望的是,我遇到的越来越多的男女都愿意冒着展示脆弱的风险,分享他们克服羞耻感的故事。我在正式和非正式的辅导项目中都看到了这一点。我从那些写博客并与读者分享经历的人身上也看到了这一点。我还在学校和相关项目中看到,不仅校园欺凌行为越来越不被容忍,而且教师、管理人员和家长都被要求对孩子的行为负责。成年人被要求做到全心投入,因为他们希望在孩子身上看到这一点。

有一种无声的转变正在发生,它让我们从"互相攻击"转变为"互相靠近"。毫无疑问,这种转变需要羞耻感复原力。如果我们愿意无所畏惧地尝试,并且愿意承担展示脆弱的风险,价值感就会给我们带来自由。

与背部脂肪无关：男人、女人、性和身材

2006 年，我与 22 名社区大学的学生见面，有男生也有女生，我们一起谈论了有关羞耻感的话题。这是我第一次参加男女同校的社区大学的大型集体访谈。当时，有个二十出头的年轻人说起他最近和妻子离婚的事。他从军队服完役回来，发现妻子有外遇，就和她离了婚。他说他并不感到惊讶，因为他从来没有觉得自己"配得上她"。他解释说，他经常问她需要什么、想要什么，每次他刚达到她的需求，她就会"把球门的门柱再向外挪动 10 英尺"。

班上的一位年轻女孩大声说："男生也是这样。他们也从不满足。在男生眼里，我们女生永远都不够漂亮、不够性感，或者不够苗条。"几秒钟内，一场关于身材和性的谈话爆发了。讨论的主要内容是，在你对自己的身材不自信时，和你在乎的人做爱有多么可怕。最先聊起这个话题的年轻女孩说："做爱的时候把肚子吸进去可不容易。如果我们担心自己背上有赘肉的话，怎么能做到全情投入呢？"

那个分享离婚经历的年轻人把手重重地往桌上一拍，吼道："这不是背部赘肉的问题！是你自己在担心，我们可没有。我们根本不在乎！"全班顿时鸦雀无声。他做了几次深呼吸，接着说："别再胡编乱造我们男人的想法了！我们真正想的是'你

爱我吗？你在乎我吗？你想要我吗？我对你重要吗？我足够好吗？'。这才是我们的想法。说到性，就好像我们的生命已岌岌可危，而你们则在担心那些毫不相关的东西。"

此时，房间里一半的年轻人都情绪激动，他们用双手捧着脸。**有几个女孩在哭，我喘不过气来**。那位提出身材问题的年轻女孩说："我不明白。我上一任男朋友总是挑剔我的身材。"

那个刚刚把我们所有人都镇得服服帖帖的年轻人回答说："那是因为他是个浑蛋。跟他是不是男人没有关系。在座的就有好几个男人。饶了我们吧，拜托。"

这时，一个中年男人也加入了这场争论。他双眼直直地盯着桌子，说："确实如此。如果你们女人和我们在一起的时候……能做到那样……会让我们觉得更有价值。我们心中的格局会变得更大，也会变得更自信。我不知道这是为什么，但确实是这样。我18岁就结婚了，现在和妻子在一起的时候依然还有那种感觉。"

在那一刻之前，我从来没有想过男人会对性产生脆弱的感觉。我从来没有想过他们的自我价值会因此受到任何影响。我无法理解。于是，我又采访了许多男士，其中有几位是心理健康方面的专业人士，我跟他们聊了性、羞耻感和价值的话题。在针对这个话题的最后一次采访中，我的受访者是一位治疗师，他有超过二十五年为男性患者治疗的工作经验。他解释说，男孩从8~10岁开始，就知道发起性行为是他们的责任，性排斥很快就成为男性的羞耻标志。

他接着解释道:"即使在我自己的生活中,当我的妻子没有兴致的时候,我仍然不得不与羞耻感做斗争。即使我能理智地理解她为什么没有心情,也没有任何帮助。我很脆弱,而要克服它很难。"我还询问了他在成瘾和色情方面的相关研究,他给了我一个答复,帮助我从全新的视角理解了这个问题。他说:"花五美元和五分钟时间,你就能得到你想要的,而且还不用冒被拒绝的风险。"

这个答复对我很有启发性,因为它与女性的感受完全不同。历时十年的女性采访经验让我明白,很明显,女人对男人和色情问题的看法与她们对自己长相的不自信和/或性知识的缺乏有关。在采访接近尾声时,这位出色而睿智的男士告诉我:"我想秘密就是,对大多数男人来说,性是可怕的。这就是为什么你从中看到的都是包括色情和暴力在内的负面东西,那是男人在绝望地试图行使权力和控制力。被拒绝令他们痛苦不堪。"

当能触发我们的羞耻感的因素迎面而来,引发一场完美的羞耻感风暴时,想培养亲密感——无论是身体上的还是情感上的——几乎是不可能的。有时,这些羞耻感风暴直接与性和亲密感有关,但通常会有一些无关的小魔怪来破坏我们的亲密关系。常见的问题包括身材、衰老、外貌、金钱、子女的养育、母亲身份、疲惫、怨恨和恐惧。当我询问男性、女性和夫妻受访者,他们如何在这些非常敏感的私人问题上做到全心投入时,有一个答案一次又一次地浮现出来,那就是要**坦诚相待并充满爱意地进行**

对话，而这需要我们展现大部分的脆弱。我们必须能够谈论我们的感受、我们的需求和我们的渴望，我们必须能够以开放的心态去倾听。**没有不脆弱的亲密关系。**这是"（展现）脆弱就是一种勇气"的又一个强有力的例子。

那些我们永远无法收回的话

> 离导弹太近了，我要换枪了。——《壮志凌云》

当和夫妻受访者交谈时，我能看到羞耻感是如何对一段关系产生致命影响的。当女人觉得自己没有被倾听或被认可时，她们会感到羞耻，她们通常会采取指责的手段向男人施压并发起挑衅（"为什么你总是做得不够呢？"或者"你永远都做不好"）。反过来，当男人因不够称职而受到批评时，他们会感到羞耻，他们要么保持沉默（**这种做法会导致女人挑衅的举动更疯狂**），要么愤怒地反击。

婚后的头几年，我和史蒂夫就陷入了这种模式。记得有一次我们俩吵架，两个人都气得不行。在我没完没了地训斥了史蒂夫十分钟后，他转身对我说："让我一个人待二十分钟。我就没事了。我不想再跟你吵了。"他关门上锁的时候，我气坏了，我拼命地敲门，吼道："你给我滚出来，我们要接着吵。"就在那一刻，我听到了自己的声音，我看到了眼前发生的事情。他正处于沉默或大发雷霆的边缘，而我觉得自己被忽视了，被误解了。结果是双方都绝望了。

我和史蒂夫即将步入婚后的第十八个年头，今年我们将庆祝第一次约会二十五周年。遇见他无疑是我这辈子最幸运的事情。刚结婚的时候，我们都不知道好的伴侣关系是什么样子的，也不知道应该怎么做。**如果你今天问我们，夫妻关系的关键因素是什么，我们会告诉你，是展现脆弱，是爱，是幽默感，是尊重，是不带羞耻感的争吵，是不互相指责的生活。**这些经验有些是我们在不断的尝试和犯错中领悟的，但也有一些来自我的工作和那些勇敢地与我分享经历的受访者。我很感谢他们。

我想我们都有同感，羞耻感是一种非常痛苦的体验。我们通常没有意识到的是，让别人感到羞耻同样也很痛苦，而没有人能像伴侣或父母那样精准地做到这一点。他们最了解我们，他们见证了我们的脆弱和恐惧。值得庆幸的是，我们可以为我们对所爱之人做出的羞辱行为道歉，但事实上那些羞辱的言论还是会留下痕迹。**利用我们所爱之人的脆弱让他们产生羞耻感，是所有破坏行为中最严重的。**就算我们道歉，我们的行为还是会对他们造成严重的伤害，因为它泄露了我们把重要的信息当作武器的意图。

在《不完美的礼物》一书中，我分享了我根据自己的数据得出的对爱的定义：

> 当我们把自己最脆弱、最强大的一面袒露给别人时，当我们用信任、尊重、善意和真心与人交往并珍视彼此间的精神联结时，我们就拥有了爱。
>
> 爱不是我们给予或得到的东西，爱是需要我们培育并呵护的东西。只有当爱存在于彼此内心时，我们之间才能培育出精神联结，我们才能像爱自己一样去爱别人。
>
> 羞辱、责备、无礼、背叛，以及有所保留的情感，都会破坏爱生长的根基。只有在这些伤害行为被承认、修复、削弱的情况下，爱才能存活。

给爱下定义是我做过的最有难度的事情之一。从专业角度来看，试图定义像爱这样重要的概念似乎有些狂妄。这种事最好留给诗人和艺术家去做。我的动机不是要"搞定它"，而是要开启一场讨论，探讨我们需要以及想要从"爱"那里得到什么。如果我对爱的定义有误，我也不在乎，我只是想和大家一起谈谈爱。让我们来谈谈那些赋予我们生命以意义的经历吧。

就我个人而言，我曾用我所能做的一切来对抗这些结论。我一遍又一遍地被告知，自爱是爱别人的先决条件，但我讨厌这种观点。有时候，爱史蒂夫和孩子们要比爱我自己容易得多。接受他们的怪癖，要比在我认为自己有严重缺陷的地方练习自爱容易得多。但在过去几年的自爱实践中，我可以说，它极大地加深了我和所爱之人的关系。它给了我勇气，让我以新的方式展现自己，表露脆弱，这就是爱的真谛。

我们在思考羞耻感和爱的时候，最紧迫的问题是：我们在践行爱吗？是的，我们大多数人都很擅长表达爱——有时一天多达十次。但我们说到做到了吗？我们表现出最脆弱的自己了吗？我们是否对伴侣表现出信任、善意、关爱和尊重？在伴侣关系中，让我们陷入麻烦的并不是缺乏爱的表达，缺乏爱的实践才会造成伤害。

变得真实

你还记得本章前面提到的研究结果吗？研究人员发现，在我们的文化中，与女性相关联的特质包括漂亮、苗条和谦逊。在美国，在研究与男性相关的特质时，相同的研究人员发现了以下几点：求胜心切、情绪控制、热衷于冒险、暴力、支配、花花公子、自立、工作至上、控制女性、鄙视同性恋以及追求身份地位。

理解这些特质及其含义对于理解羞耻感和培养复原力至关重要。正如我在本章开头所解释的，羞耻感是普遍存在的，但是诱发羞耻感的信息和期望有性别之分。这些女性化和男性化的标准是触发羞耻感的根基。如果女性想按规则办事，她们就需要让自己变得甜美、苗条、漂亮，并保持安静，成为完美的母亲和妻子，而不是拥有自己的权力。若是超出这些期望一步，砰！羞耻网就会迫近。而男人则需要停止感受，开始埋头挣钱，每个人各就各位，然后要么爬上权力的顶端，要么死在这个过程中。若是打开盒盖吸一口气，或者把窗帘往后拉一点看看发生了什么，砰！羞耻感会让你瞬间变得渺小。

我认为有必要补充的一点是，对男人来说，还有一种文化信息在加深他们对同性恋的憎恶。如果你想在我们的文化中表现出男子气概，光是性取向正常是不够的——你还必须对同性恋群体表现出明显的厌恶。"如果你想被我们的团队接受，你就必须这么做，或必须讨厌这些人"，这样的想法成了研究中出现的一个主要的羞耻设定。

不管这个团体是教派、帮派，还是裁缝界或阳刚男性本身，作为"归属"的一种条件，让成员不喜欢、不承认或与另一个群体保持距离，总是关乎控制和权力的。我认为，**我们必须质疑任何坚持把蔑视他人作为入会条件的团体的意图。它可能会伪装成"归属"，但真正的"归属"并不需要蔑视他人。**

当我看到上文提到的那十一种男性特质时，我想的是，我不希望和这种男人共度一生，也不想把我的儿子培养成这样的男人。我在想象以这些特质为基础构建的生活时，脑海中浮现出的词是"孤独"。我脑海中又出现了《绿野仙踪》中的画面。奥兹巫师不是一个有人类需求的真实存在的人物,而是一个理想的"伟大且强大"的男性形象的投射——孤独、疲惫且吞噬灵魂。

我在与那些羞耻感复原力很强的男人和女人交谈时发现,他们会敏锐地意识到这些特质。他们将这些约束牢记在心,这样当羞耻感开始爬向他们的心头时,或者当他们发现自己已完全处于羞耻状态时,他们可以核实这些"准则"的真实性,从而践行羞耻感复原力的第二个要素——批判性觉察。基本上,他们可以有意识地选择不合作。

被羞耻感困住的男人会说:"在不得不解雇这些员工时,我不应该袒露情感。"

践行羞耻感复原力的人会这样回答:"我不会任由羞耻感摆布。我和这些家伙一起共事了五年。我认识他们的家人。我可以关心他们。"

羞耻感在一个出差在外的女人耳边轻声说:"你不是一个好妈妈,因为你会错过儿子的班级演出。"

那个女人回答道:"我听到了,但我今天不会放那盘羞耻录音带的。与我平日里对孩子的照顾相比,错过一场班级演出又算得了什么呢?你现在可以走了。"

我们的羞耻感最有可能得到强化的情形之一是,我们将自己置于一个基于这些性别约束的社会契约中。我们的人际关系是由一句关于女人和男人的俗语定义的:"我扮演我的角色,你扮演你的角色。"相关研究揭示了一种模式：人到中年时，所有这些角色扮演几乎都变得让人难以忍受。男人感到越来越孤独，对失败的恐惧也变得麻木；女人疲惫不堪，她们第一次清楚地看到，那些期望是不可能实现的。这份契约所约定的生活有诱人的一面，比如成就、荣誉和收获，但它们逐渐让人感觉这像是浮士德式的交易。

记住，**羞耻感是一种对关系疏离的恐惧——对我们不被爱和不被接纳的恐惧**——这让我们很容易理解为什么那么多中年人会过度关注他们孩子的生活，或每周工作60个小时，或者转向婚外情，沾染毒瘾，脱离社会。我们的内心开始崩溃。助长羞耻感的期望和信息使我们无法充分认识自己究竟是什么样的人。

今天，当我回首往事，我很感激那些与我分享经历的男男女女。我感谢他们勇敢地说出"这些都是我的秘密和恐惧，我愿意告诉你它们如何让我屈服，而我又如何学会了再次坚持自己的价值观"。我还得感谢那个穿 Izod 牌黄色高尔夫球衫的男人。他的脆弱和诚实启动了我的工作，彻底改变了我的职业生涯，更重要的是，改变了我的生活。

在回顾我所学到的关于羞耻感、性别和自我价值的知识时，我发现自己得到的最大教训是：**如果我们想找到摆脱羞耻感、重回彼此身边的办法，（展现）脆弱就是那条道路，勇气就是前行路上的光**。把我们应该做的事情列出来是勇敢的。在变得真实的过程中，爱自己并且互相支持也许就是最无所畏惧的行为。

我从玛杰丽·威廉斯（Margery Williams）创作于1922

年的经典儿童小说《绒布小兔》（*The Velveteen Rabbit*）中选取了下面这段话作为本章的结束语。我的朋友迪迪·帕克·赖特（DeeDee Parker Wright）在 2011 年寄给我的信中写道："这就是全心投入的意义所在。"我同意他的说法。这段话很好地提醒我们，当我们知道自己被爱着的时候，变得真实是多么容易：

"你是不是真的，和你是用什么材质做的没有关系，"皮马说，"有关的是发生在你身上的事。如果有个小孩爱你很久很久，不只是跟你玩，而是'真的'很爱你，你就会变成真的了。"

"那会疼吗？"兔子问。

"有时候会，"皮马说，他总是那么诚实，"当你变成真兔子的时候，你就不会介意那种痛了。"

"那变成真兔子这件事是突然发生的吗？就像上紧发条那样，"兔子问，"还是一点一点慢慢发生的？"

"不是突然发生的，"皮马说，"是一点一点变成的。那需要很长的时间。这就是为什么这件事不会经常发生在那些容易破掉、有棱有角或者需要小心呵护的玩偶身上。一般来说，等你变成真兔子后，你大部分的绒毛会因为爱抚而脱落，你的眼珠会掉出来，你身上缝合的地方会出现裂缝，你会显得又脏又破。**但这些一点都不重要，因为一旦你变得真实，除了那些根本不了解你的人，没有人会嫌你丑。**"

CHAPTER

4

防卫脆弱的"武器库"

　　还是孩子的时候,我们就找到了保护自己远离脆弱、不受伤害、不被贬低和不让别人失望的办法。我们穿上盔甲;我们把自己的想法、情感和行为当作武器;我们学会了如何悄悄躲起来,甚至玩失踪。现在,作为成年人,我们意识到,要想充满勇气、目标明确、互帮互助地生活——要成为我们渴望成为的人——我们必须再次变得脆弱。我们必须脱下盔甲,放下武器,展现自我,让别人看到我们的内心。

"Persona"一词在希腊语中是"**舞台面具**"的意思。在我的书里,在解释我们如何保护自己远离脆弱带来的不适时,面具和盔甲是完美的隐喻。面具让我们感到更安全,即使它们令人窒息。盔甲让我们感到更强大,即使我们讨厌拖着这身重物。讽刺的是,当我们面对一个用面具和盔甲来隐藏或保护自己的人时,我们会感到沮丧和孤独。**这就是所谓的悖论:我最不希望你在我身上看到脆弱,但我希望在你身上首先看到脆弱。**

如果我要导演一部关于防卫脆弱的"武器库"的戏剧,场景会是一个中学食堂,人物角色会是我们11岁、12岁和13岁时的自己。我选择这个年龄段是因为我们在成年人身上很难看到盔甲。盔甲一旦被我们穿戴了足够长的时间,就会被磨合成契合我们身形的样子,与我们合二为一,最终难以察觉——就像我们的第二层皮肤。面具也是如此。我采访过数百名表达同样恐惧的受访者,他们都说:"我现在不能摘下面具——没有人知道我真正的样子。我的伴侣不知道,我的孩子不知道,我的朋友也不知道。他们从未见过真正的我。我甚至都不确定面具下的自己究竟是谁。"

然而,十一二岁的孩子就大不相同了。**上小学和初中时,我们大多数人开始尝试新的、不同形式的自我保护的方法。在这个稚嫩的年龄,盔甲仍然显得笨拙,也不合身。**孩子们在努力隐藏恐惧和自我怀疑时显得笨手笨脚,这使得观察者更容易看清他们到底在使用什么盔甲以及使用它们的原因。根据其羞耻和恐惧程度可知，大多数孩子还不确信厚重的盔甲或令人窒息的面具是值得穿戴的。他们有时会毫不犹豫地穿上或脱下面具和盔甲，这有时就体现在同一句话里："我不在乎那些人怎么想。他们太蠢了。那个舞蹈也很蠢。但你能打电话给他们的妈妈，问问他们穿了什么吗？我希望我能去跳舞。"

小时候，我放了学好像就喜欢琢磨这些想法。我们学校有个男生很淘气，他这么做是因为他真的很想被大家接纳，还有一个无所不知的女孩，她在学校卖弄自己的学识，就是为了掩饰父母最近离婚给她带来的痛苦。现在我们长大成人了，保护机制也许更加复杂，但是我们大多数人都是在这些原始的、易受影响的岁月里学会了穿上盔甲的，因此，我们大多数人都可以瞬间回想起那个时候的感受。

从我个人的经历来看，我可以告诉你，养育一个上初中的女儿最困难的事，就是要面对驻扎在自己心里的那个笨手笨脚、紧张得手心冒汗的七年级女生。那时候我的本能反应是躲起来，然后逃跑，当艾伦陷入困境时，我常常感到那种冲动在悄悄向我袭来。我发誓，有时她在描述学校的情况时，我真的能闻到我的中学食堂曾经的味道。

无论我们是十四岁还是五十四岁，我们的盔甲和面具都是独一无二的，与我们试图减轻的个人脆弱、不适和痛苦一样独一无二。这就是为什么当我发现我们都有一小部分相同的保护机制时，我会如此惊讶。我们的盔甲可能是定制的，但是它们的某些部分可以互换。通过撬开"武器库"的门，我们可以将更通用的零部件暴露在阳光下，还可以在柜子里翻找那些不太通用但往往很危险的脆弱防护物。

如果你像我一样，你也会喜欢翻找这些信息，然后创建自己的课后研究专题的。随着这些共享机制开始从数据中显现出来，我的第一反应是给行为贴上标签，并把我身边的人当成原型："她戴着这个面具，我的邻居在使用这件盔甲。"分类和过度简化是人类的天性，但我认为这么做没有抓住要领。我们没有人只使用这些共享防御机制中的一种。根据我们所处的不同环境，大多数人都有能力使用几乎所有的防御机制。我的希望是，窥探一下"武器库"将有助于我们了解自己的内心。**我们如何保护自己？我们是何时以及如何开始使用这些防御机制的？我们如何才能脱下盔甲？**

告诉自己"我已经够好了"

对我来说，这项研究最有分量的部分在于它发现了一些策略，这些策略似乎能让人们摘下我即将描述的面具和盔甲。我以为我会为每种保护机制都找到独特的策略，类似于我在《不完美的礼物》一书中所写的十大准则中的内容。然而，事实并非如此。

在第一章中，我曾谈到"足够"是"匮乏"的反义词，而"匮乏"通常会让人产生羞耻感、攀比心和疏离感。看来，相信我们"足够好"是走出困境的方法，它使我们得以摘下面具。**有了这种"足够好"的感觉，我们就有了价值感和界限，就能全心投入**。以下是受访者阐明的每一项将自己从困境中解救出来的策略的核心：

- 我足够好（价值感 VS 羞耻感）。
- 我有足够的……（界限 VS 占上风、攀比）。
- 参与，冒险，让别人看到自己就足够了（投入 VS 疏离）。

当你通读这一章时，我想让你知道，我采访的每一个人都谈到了自己与脆弱的抗争，这对你是有帮助的。这并不是说我们当中有哪个幸运儿可以毫无保留、毫不犹豫、毫不畏惧地公开接受脆弱。在谈到不确定性、风险和袒露情绪时，我一遍又一遍听到的是人们在最终释怀之前都曾试图穿上某种盔甲：

- 我的第一反应是＿＿＿＿＿＿，但这从未奏效，于是现在我＿＿＿＿＿＿，这改变了我的生活。
- 我花了几年时间＿＿＿＿＿＿，直到有一天我试着＿＿＿＿＿＿＿，这让我的婚姻更加稳固。

2011年，我给350名特警队军官、假释官和狱卒做了一场关于脆弱的演讲。（是的，这听上去挺吓人的。）演讲结束后，一名特警走到我面前说："我们之所以听你演讲，是因为你和我们一样不擅长敞开心扉。如果你不曾与脆弱抗争，我们一点也不会相信你。"

对于他说的话，我不仅相信，而且完全同意。我认为我在这里写下应对策略是基于两个原因：第一，和我分享亲身经历的受访者都曾与我们所面对的同样的麻烦、不适和自我怀疑做过斗争；第二，我在自己的生活中实践过这些策略，并且知道它们不仅能改变游戏规则，它们还是我们的救星。

我将要介绍的三种防卫盾牌就是我所说的**"常见的防卫脆弱的武器"**，我发现我们都以某种方式将它们整合到了我们的个人防护系统中。这三种武器包括：**掺杂着不祥预感的喜悦**，或者抑制短暂快乐的看似矛盾实则合理的恐惧；**完美主义**，即相信如果每件事都力求完美就意味着你永远不会感到羞耻；**麻木**，即接受所有能减轻不适和痛苦的东西。每一种防卫盾牌后面都有对应的"无所畏惧"的策略，这些策略被证明能有效地解除这三种常见的防卫盾牌。归根结底就是，要认为自己"足够好"。

常见的防卫脆弱的方法

防卫盾牌 1：掺杂着不祥预感的喜悦

鉴于我的研究对象是羞耻感、恐惧和脆弱等情绪，我从没想到有一天我会告诉你，对快乐的探索让我的职业和个人生活发生了翻天覆地的变化。但这是真的。事实上，我花了几年的时间研究快乐的含义，我认为快乐可能是最难真正感受到的情感。为什么这么说呢？因为**当我们失去展现脆弱的能力或意愿时，快乐将成为一种我们会怀着深深的不祥预感去接近的事物**。而我们在年轻时是以纯粹的喜悦来迎接快乐的。这种转变在我们的意识之外缓慢地发生着。我们甚至不知道它正在发生或者为什么发生。我们只知道，在生活中我们渴望更多的快乐，我们只知道，我们太需要它了。

在一种充满匮乏感的文化中——永远感觉不到安全、确定性和足够的肯定——快乐就像是一种安排。我们早上醒来就会想"希望工作进展顺利""家里每个人都健康""没有发生重大危机""房子还在""我正在健身，感觉很不错""哦，该死""糟糕""真的太糟糕了""灾难一定就在前面等着我"。

或者，在升职时，我们的第一个念头是"这简直难以置信，别是什么圈套吧？"。在发现自己怀孕时，我们想的是"我们的女儿既健康又快乐，所以，肯定会有什么不测在等着我肚子里的这个宝宝，我就知道会这样"。全家第一次一起度假时，我们非但没有兴奋的感觉，反而总担心遭遇飞机坠毁或者轮船沉没的厄运。

我们总是在等另一只鞋子掉落。这种说法起源于20世纪初，当时新移民和涌入城市的人群都挤在廉价公寓里，在那里你可以听到楼上邻居晚上脱鞋子的声音。一旦你听到第一只鞋子落地的声音，你就会等着另一只鞋子落地。尽管当今世界在许多方面比20世纪早期要安全得多，我们的预期寿命也远远超过了那些竖起耳朵等待第二只鞋子落地的人，但对我们来说，生活的风险要高得多。今天，我们大多数人眼里的"另一只鞋子"都是些很可怕的事情，比如恐怖袭击、自然灾害、本地食品店爆发大肠杆菌疫情、校园枪击事件等。

在最初鼓励受访者说出他们感觉最脆弱的经历时，我并没有料到快乐会是其中的一个答案。我期待听到的是恐惧和羞耻经历，而不是他们生活中的快乐时刻。所以，我真的很震惊，当我听说他们最脆弱的时候竟然是：

- 守候孩子们睡觉。
- 承认我有多爱我的丈夫 / 妻子。
- 知道自己有多棒。
- 热爱我的工作。
- 花时间陪伴父母。

- 带孩子去看望父母。
- 思考和男友的关系。
- 订婚。
- 身体好转。
- 生孩子。
- 升职。
- 快乐。
- 坠入爱河。

这些回答不仅让我震惊,而且我知道我有麻烦了。

在我2007年"精神觉醒"之前,掺杂着不祥预感的喜悦也是我自己的潜意识里的一件盔甲。当我第一次把受访者描述的脆弱和快乐联系起来时,我几乎无法呼吸。我一直把我那始终如一的防灾计划当作我的小秘密。我以为我是唯一一个在孩子们熟睡时守候在他们身边,沉浸在对他们的爱和崇拜中,同时脑海中想象的是一些非常可怕的事情正发生在他们身上的人。但我敢肯定,除了我之外,没有人想象过车祸场景,也没有人演练过我们所有人都害怕的报警流程。

我听到的第一个故事是一位四十多岁的女士讲述的。**"我过去总是把每一件好事都想象成可能发生的最糟糕的灾难。"** 她告诉我,"我会想象出最坏的情况,并试图控制所有的结果。在我女儿考入她梦想中的大学时,我就知道如果她离家太远,就会有不好的事情发生。于是，在她入学之前，我花了一个夏天的时间试图说服她去当地的一所学校。这件事打击了她的自信，也让我们2011年夏天过得很不开心。这是一个痛苦的教训。现在，我会心存感激地默默祈祷，努力抹去脑海中那些不好的画面。不幸的是，我已经把这种想法传染给了我的女儿。她越来越害怕尝试新事物，尤其是在生活进展顺利的时候。她说她不想'挑战命运'。"

一位六十多岁的男士对我说："我曾经以为，生活的最好方式就是提前做好最坏的打算。这样的话，如果糟糕的事情发生，你已经做好了准备，如果它没有发生，你就会感到惊喜。之后我出了车祸，我的妻子死了。不用说，最坏的打算根本没有让我做好准备。更糟糕的是，我仍然为我们一起度过的所有美好时光而悲伤，那些我没有尽情享受的时光。我对她的承诺是尽情享受当下的每一刻。我真希望她还在我身边，现在我知道该怎么做了。"

这些故事说明，**对于掺杂着不祥预感的喜悦——一种弱化脆弱的方法——这一概念而言，最好的理解方式是，将其视作一种从"排练悲剧"到"永远失望"的连续统一体**。我们中的一些人就像第一个故事里的那位女士一样，在快乐刚一涌上心头时，就赶紧做最坏的打算，而另一些人甚至从来没有感受过快乐，他们宁愿保持一种"永远失望"的状态。那些"永远失望"的人是这样解释的："不抱希望地生活比感受失望更容易。比起一直处于失望的状态，陷入失望又摆脱失望的感觉更脆弱。你虽然牺牲了快乐，但痛苦也少了。"

这两个故事的结尾部分讲述了同样的情况：要想**温和地享受生活中的快乐时光，需要展现脆弱**。如果你和我一样，也曾经守护在孩子身边，想着"我爱你爱得几乎无法呼吸"，就在那一刻，你的脑海里出现了孩子遭遇可怕事情的画面，你要知道，你不是疯了，也不是只有你才会这样。在我采访过的父母中，约80%的人都有这种经历。同样的比例也适用于我多年来与之交谈过和共事过的成千上万的父母。为什么会这样？我们在做什么？我们究竟为什么要这么做？

只要我们把脆弱和快乐联系起来，答案就非常简单了：**我们试图抢先一步战胜脆弱。我们不想被伤害、偷袭，我们不想措手不及**。所以，我们实际上是在预演厄运降临时的应急措施，或者干脆永远躲在自己选择的失望中。

对于我们这些"排练悲剧"的人来说，在欣喜若狂的时候，这些不祥的画面就会涌入我们的脑海，但这是有原因的。当我们在生活中（有意或无意地）拒绝脆弱时，我们就无法为快乐带来的不确定性、风险和袒露情绪留出空间。对我们中的许多人来说，面对这些，我们甚至还会产生一种"被吓了一跳"的生理反应。我们渴望更多的快乐，但同时我们又无法容忍脆弱。

我们的文化对这场充满厄运的排练起了推波助澜的作用：我们大多数人的脑海里都有一堆可怕的画面，当与脆弱做斗争的时候，我们会将其中一部分提取出来。我经常对观众说，如果他们在过去的一周内看过暴力画面的话就举手示意。通常有大约20%的观众会举手。接着，我会把这个问题稍做改动："如果你看过新闻、《犯罪现场调查》（*CSI*）、《海军罪案调查处》（*NCIS*）、《法律与秩序》（*Law & Order*）、《识骨寻踪》（*Bones*）或任何其他犯罪类电视节目，请举手。"这时大约80%~90%的观众都会举手。我们脑中并不缺少用来激活掺杂着不祥预感的喜悦的图像，它们就在我们的神经末梢上。

我们都是视觉动物。我们信任、消费并在脑海里储存我们所看到的东西。我记得最近一次的类似经历发生在我和史蒂夫带孩子们一起开车前往圣安东尼奥度周末长假时。当时查理在车上为我们讲他们幼儿园里的新"敲门笑话"，我们都笑得前仰后合——连他姐姐也哈哈大笑了。我开始喜不自胜，但就在那一瞬间，与"快乐"形影不离的朋友"脆弱"击中了我，我打了个寒战，回想起一则新闻中出现的画面：一辆翻倒在地的SUV停在I-10洲际公路上，两个空的汽车座椅躺在卡车旁边的地上。我的笑声变成了恐慌，我记得自己当时脱口而出："开慢点，史蒂夫。"他疑惑地看着我说："我们已经停车了。"

应对策略：练习感恩

即使我们这些学会了"融入"快乐并欣然接受所有经历的人，也免不了受到脆弱——它常常伴随着快乐时刻而出现——那令人不安的颤抖所带来的影响。我们刚刚了解了如何用它作为提醒而不是警告。对我来说，两者最令人惊讶的（也是改变生活的）不同之处就在于这种提醒的本质：对于那些欢迎这种经历的人来说，伴随快乐而来的脆弱是在提醒我们要练习感恩，承认我们是多么真诚地感谢某个人、某个美好的事物、某种关系，或者仅仅是我们眼前的时刻。

因此，从数据中可以看出，**感恩是消除掺杂着不祥预感的喜悦的良药**。事实上，每一位受访者在谈论保持快乐的能力时都谈到了练习感恩的重要性。这种关联模式在数据中非常普遍，以至作为一名研究人员，我不禁做出承诺：不谈论感恩就不谈论快乐。

让我吃惊的不仅仅是快乐和感恩之间的关系。令我惊讶的另一点是，受访者一致将快乐和感恩描述为精神实践，这种实践与相信人类的共情联结以及存在一种比我们更为强大的力量有关。他们的故事和描述以此为基础展开，指出了**幸福和快乐之间的明显区别**。受访者将幸福描述为一种与环境相关的情感，而将快乐描述为一种与世界接触的精神方式，并将其与练习感恩联系在一起。虽然一开始我被快乐和脆弱的关系吓了一跳，但现在这对我来说完全讲得通，我明白了为什么感恩是消除掺杂着不祥预感的喜悦的良药。

匮乏感和恐惧驱动着快乐里的不祥预感。我们害怕快乐的感觉不会持续太久或快乐的感觉还不够，又或者害怕向失望（或者接下来等待我们的任何可能性）的转变会太困难。我们知道，向快乐屈服，最好的结果是我们会失望，最坏的结果是招致灾祸。我们在价值问题上苦苦挣扎。鉴于我们的不足和不完美，我们还值得拥有完美的快乐吗？那些饥饿的儿童和饱受战争蹂躏的世界呢？我们该为谁快乐呢？

如果匮乏的反义词是足够，那么练习感恩就是练习如何让自己认识到我们已拥有足够的东西，认识到我们已经够好了。我之所以使用"练习"这个词，是因为受访者谈到了具体的感恩练习，而不仅仅是一种感恩的态度或意识。实际上，他们还提供了感恩练习的具体例子，包括保存感恩日记和感恩瓶，以及举行家庭感恩仪式等。

说实在的，关于感恩练习以及人在脆弱时产生的匮乏感和快乐之间的关系，我从那些蒙受过最严重的损失或经受过最严重的创伤的男女身上，学到的知识是最多的。这些人中有的孩子早逝，有的家里有身患绝症的亲人，有的是种族大屠杀的幸存者，还有的是创伤幸存者。我经常被问到这样一个问题："当你和人们谈论脆弱，听到人们最无望的挣扎时，你不感到沮丧吗？"我的回答是"从来不会"，因为我从那些勇敢地与我分享斗争经历的人那里了解到的关于价值感、复原力和快乐的心得要远多于我在工作中接触到的沮丧。

对我来说，没有什么礼物比得上我从那些在悲伤和黑暗中挨过时光的人身上学到的关于快乐和光明的三个启示：

CHAPTER 4
防卫脆弱的"武器库"

1. **快乐来自平凡的时刻。我们忙着追求非凡，很可能错过快乐。**"匮乏文化"可能会让我们害怕过那种普通而平凡的生活，但当你与那些从巨大损失中挺过来的人交谈时，你会发现，显然，快乐不是永恒的。所有和我谈论他们的损失以及最怀念的事情的受访者，无一例外地都谈到了平凡的时刻。"如果我下楼去能看见我丈夫坐在桌旁，一边看报纸一边咒骂就好了……""如果我能听见我儿子在后院咯咯地笑就好了……""我妈妈给我发过很多疯狂的短信——她从来不知道怎么用手机。我愿意付出任何代价找回这些短信。"

2. **感激你所拥有的。**我曾问那些从灾难中挺过来的人，我们该如何培养同理心，并对那些遭受苦难的人表现出更多的同情，答案总是如出一辙：不要因为我失去了我的孩子而回避你拥有孩子的快乐；不要认为你拥有的是理所当然的——要庆幸自己能拥有；不要为你所拥有的而道歉，要心怀感激，并与他人分享你的感激之情。你的父母身体健康吗？行动起来，让他们知道他们对你有多重要。当你珍惜你所拥有的，就是在珍惜我所失去的。

3. **不要浪费快乐的时光。**我们无法为悲剧和损失做准备。当我们把每一次感受快乐的机会都变成对绝望的考验时，我们实际上是在削弱自己从脆弱中复原的能力。是的，向快乐服软是不舒服的。是的，这简直太可怕了。是的，快乐是脆弱的。但是，每当我们允许自己沉浸在快乐之中，屈服于那些时刻，我们就建立了自我复原的能力和对未来的希望。快乐成为我们的一部分，一旦不幸发生——它们确实会发生——我们会变得更强大。

我花了几年时间来理解和整合这些信息，并开始培养感恩的习惯。而艾伦似乎凭直觉就明白了承认和拥有快乐的重要性。她上一年级的时候，有一天下午我陪她逃课，在公园里玩了一个下午。我们俩坐在一艘桨船上，把从家里带来的不新鲜的面包喂给鸭子吃，这时我发现艾伦没有在踩踏板，她正静静地坐在座位上。她用双手裹着面包袋，头往后仰着，双目紧闭。阳光洒在她仰起的脸上，她的脸上挂着一丝平静的微笑。**我被她的美丽和脆弱深深打动了，几乎无法呼吸。**

我足足欣赏了一分钟，可是见她一动不动，我又有点紧张了。"宝贝？你没事吧，亲爱的？"

她扬起嘴角，笑意盈盈，然后睁开了眼睛。她看着我说："我很好，妈妈。我只是在制作记忆照片。"

我从未听说过记忆照片，但我喜欢这个词。"那是什么意思？"

"噢，记忆照片就是我在非常非常开心的时候在脑海里拍下的一张照片。我闭上眼睛把它拍下来，这样的话，在感到悲伤、害怕或者孤独的时候，我就可以看看我的记忆照片了。"

我不像当时只有六岁的女儿那样能言善辩、泰然自若，但我一直在练习。对我来说，表达感激之情仍然要比优雅或流畅更困难。在感受快乐的时候，我仍然会被脆弱压垮。但现在我学会了大声说："我感到脆弱，我非常感激＿＿＿＿＿＿。"

好吧，在谈话过程中突然冒出这句话可能会相当尴尬，但这比其他选择——小题大做和控制——要好得多。就在最近，史蒂夫告诉我，他想趁我外出工作的时候带孩子们去宾夕法尼亚州他老家的农舍。我的第一反应是"这个主意真不错！"，可是转眼间我的思绪就变得疯狂起来："哦，天哪，我不能让他们脱离我的视线去坐飞机，万一发生什么事怎么办？"不过，我没有跟史蒂夫争论，也没有提出批评意见，或者找碴儿让他打消这个想法，而且还不让他知道我内心那些毫无道理可言的担心（比如"这个主意真是糟透了，现在机票真的很贵"或者"你们这么做太自私了，我也想去"）。我只是念叨着："脆弱。脆弱。我很感激……因为……孩子们可以单独和你在一起，去探索大自然。"

史蒂夫笑了。他很清楚我在进行感恩练习，他知道我是认真的。在我将这一研究用于对抗掺杂着不祥预感的喜悦之前，我从来不知道如何从眼前对脆弱的恐惧中闯过去。我以前没有从我害怕的事情、我的真实感受以及真正渴望的东西——感恩带来的快乐——中得到过任何信息。

防卫盾牌 2：完美主义

在我的博客上，我最喜欢的一个专题就是"灵感访谈系列"。它对我来说很特别，因为我只采访那些真正能给我带来灵感的人——他们接触世界的方式能使我在工作中变得更有创造力、更勇敢。在进行了"全心投入"的研究之后，我开始提出关于脆弱和完美主义的问题，我总是向受访者询问同一组问题。作为一个正在重生的完美主义者和一个积极的"足够优秀"主义者，我发现自己在浏览列表时总是会先查看下面这些问题的回复：完美主义对你来说是问题吗？如果是的话，你的其中一条应对策略是什么？

我问这个问题是因为，在我收集的所有资料中，我从未听过任何一个人将自己的快乐、成功或全心投入归因于追求完美。说真的，这些年来我一次又一次听到的都是一个明确的答复："**在我培养了展现脆弱、不完美和自我关爱的勇气后，我生命中最有价值和最重要的事情就出现了。**"完美主义不是将我们引向天赋和使命感的道路，而是危险重重的绕行路。

我将分享一些我从采访中得到的我最喜欢的回答，但我想先分享从资料中浮现出来的关于完美主义的定义。

像脆弱一样，对于完美主义，人们也累积了不少误解。关于完美主义的定义，我认为从"完美主义不是……"这个视角来看会更好理解：

- **完美主义不是追求卓越。**完美主义追求的不是一种正常的合理的成就和成长。追求完美主义是一种防御性的行为。它是一种信念，即如果我们把事情做得尽善尽美，看起来完美无缺，我们就能够最大限度地减少或避免他人的指责、评判和羞耻感带来的痛苦。完美主义是一块重达二十吨的盾牌，我们拖着它到处走，以为它会保护我们，但实际上它是真正阻挡我们被人看到的障碍。

- **完美主义不是自我完善。**完美主义的核心是试图获得认同。大多数完美主义者在成长过程中都会因为突出的成就和表现（成绩优异、举止有度、遵守规则、讨人喜欢、外表出众、爱运动）而受到称赞。一路走来，他们选择了一种充满风险、令人失去活力的信仰："我能做成什么以及我做得有多好，这两点构成了全部的我。取悦别人，表现自己，追求完美。"合理的奋斗关注的是自己：我该如何提升自己？而完美主义的关注点则是他人：别人会怎么想？完美主义让我们疲于应付。

- **完美主义不是成功的关键。**事实上，研究表明，完美主义不利于我们取得成就。完美主义与抑郁、焦虑、成瘾、生活瘫痪或错失机会相关联。它让我们害怕失败，害怕犯错，害怕达不到人们的期望，害怕被批评，使我们置身于良性竞争与奋斗的竞技场之外。
- **最后，追求完美主义并不能消除羞耻感。**完美主义是羞耻感强的一种表现形式。我们与完美主义做斗争，就是在与羞耻感做斗争。

在利用这些资料对相关误解进行详细解读之后，我得出了完美主义的定义：

- **完美主义是一种自我毁灭和令人上瘾的信仰。**在它的推波助澜下，我们形成了这样的基本思想：如果我看上去无可挑剔，把每件事都做到完美无缺，我就能消除或最大限度地减少羞耻感以及他人的评判和指责带来的痛苦。
- **完美主义是自我毁灭，因为完美并不存在。**它是一个无法实现的目标。完美主义更多的是一种感知而不是内在动机，无论我们花多少时间和精力去尝试，都无法控制感知。
- **完美主义让人上瘾。**因为如果我们总是受到评判和指责，总是感到羞耻，我们往往会认为那是因为我们不够完美。我们不会质疑完美主义的错误逻辑，而会更加坚定地追求把每件事都做得恰到好处。
- **完美主义会使我们产生羞耻感，让我们感觉自己受到**

了评判和指责，而这将导致我们产生一种更加羞耻、更加自责的心态："这是我的错。我有这样的感觉是因为我还不够好。"

应对策略：欣赏缺陷美

就像掺杂着不祥预感的喜悦经历可以被定位在一个连续统一体上一样，我发现，我们大多数人都处于完美主义的连续统一体上的某个位置。换句话说，当我们想隐藏自己的缺点，管理自我感知，以及想赢得别人的好感时，我们都有点急不可耐。对有些人来说，完美主义或许只在他们感到特别脆弱的时候才出现。而对其他人来说，完美主义是强迫性的、长期性的、令人失去活力的——它看起来和给人的感觉都像是一种瘾。

不管我们在这个连续统一体中处于什么位置，如果我们想摆脱完美主义，就必须慢慢地把关注的焦点从"人们会怎么想"转移到"我已经足够好了"。这个过程需要从培养羞耻感复原力、自我关爱和掌控自己的故事开始。为了弄清楚我们是谁、我们从哪里来、我们相信什么，以及生活的不完美本质，我们必须让自己休息一下，欣赏我们的缺陷美或不完美之美。**要对自己和他人都更加友善、更加温柔。用我们和自己在乎的人说话的方式，进行自我交谈。**

得克萨斯大学奥斯汀分校的研究员、教授克莉丝汀·内夫博士（Dr. Kristin Neff）管理着一所自我关爱研究实验室，她在那里研究人们如何培养和实践自我关爱。根据内夫的理论，自我关爱有三个要素：自我友善、共通人性和正念。在她的新书《自我关爱：停止自责，把不安全感抛诸脑后》（*Self-Compassion: Stop Beating Yourself Up and Leave Insecurity Behind*）中，她给这三个要素一一下了定义：

- **自我友善**：当我们觉得痛苦、失落或信心不足时，要温暖自己、理解自己，而不是对自己的痛苦视而不见，或者通过自我批评来鞭答自己。
- **共通人性**：痛苦和不完美的感受是人类共同的情感体验——这些问题我们每个人都会经历，而不会只发生在"我一个人"身上。
- **正念**：对负面情绪采取不偏不倚的态度，既不压抑也不夸大。我们既不能忽视自己的痛苦，也不应对痛苦心生怜悯。秉持正念要求我们不能"过于沉溺于自己的想法和情感，这样才能免受消极情绪的干扰和打击"。

我喜欢她对正念的定义，它提醒我们**正念意味着不要过度认同或夸大我们的感受**。就我个人而言，我在犯错的时候很容易陷入悔恨、羞耻感或自我批评之中。在感到羞耻或痛苦时，进行自我关爱需要一个敏锐而准确的视角。内夫有一个很棒的网站，在那里你可以看到有关自我关爱的详细列表，以了解她的更多研究成果，其网址是 www.self-compassion.org。

除了练习自我关爱（相信我，就像感恩和其他有价值的事情一样，这是一种练习），我们还必须记住，我们的价值感即"我们已经足够好了"的核心信念，只有当我们生活在自己的故事中时才会出现。我们要么掌控自己的故事（即使是些乱七八糟的故事），要么置身于故事之外——否认我们的脆弱和不完美，抛弃那些与我们认为自己应该成为的人不相适应的部分，并争取别人对我们的价值的认可。追求完美让人筋疲力尽，因为奔波忙碌让人筋疲力尽，而这样拼尽全力的努力是永无止境的。

此刻，我想再谈谈我博客上的"灵感访谈系列"，与大家分享其中的一些回答。在这些回答中，我看到了真实的美——接受不完美的美——**我被自我关爱所激励**。我想这些回答也会给你启示。第一个回答来自畅销书作家格雷琴·鲁宾（Gretchen Rubin[①]），她的《幸福计划》（*The Happiness Project*）一书讲述了她用一年时间对如何更幸福的理论和研究成果进行的测试。她的新书《宅妈的年度幸福提案》（*Happier at Home*）关注的是重要的家庭因素，比如财产、婚姻、时间、亲子教育、邻里关系等。以下是她对如何应对完美主义的回答：

> 我提醒自己："**不要让完美成为美好的敌人。**"（出自

[①] Gretchen Rubin: http://www.gretchenrubin.com/

伏尔泰）完成外出散步20分钟，比计划跑4英里却没有照做要好。已经出版的书就算有缺点，也胜过永远存在电脑里无法出版的完美的书。即使晚宴菜品全是中餐外卖，也好过从未兑现的精致菜肴。

安德烈·舍尔（Andrea Scher[①]）是加州伯克利的一名摄影师、作家兼生活教练。她通过电子课程"超级英雄的照片"和"蒙多·贝昂多"以及获奖博客《超级英雄日记》（*Superhero Journal*），鼓励人们去过真实、多彩、有创意的生活。你经常可以看到她抱着刚出生的宝宝坐在厨房地板上，让四岁的儿子跳起来，然后拍出一张超级英雄的照片。下面是她写下的有关完美主义的文字（我很喜欢她的咒语！）：

> 我小时候是一名竞技体操运动员，在学校里每年的出勤率都很高，我害怕得到比A-更糟糕的成绩，在高中时还患上了饮食失调症。
> 哦，我觉得我是返校节女王。
> 是的。我觉得自己有完美主义的问题！
> 但是，我一直在努力。小时候，我把完美等同于被爱……我觉得我现在还是分不清两者的区别。我发现自己经

[①] Andrea Scher: http://www.superherojournal.com/ and http://www.superherophoto.com/

常像布琳所说的那样在"为价值感而奔忙"。我们所有的努力只是为了不让别人看到自己的本性和那些不可思议的缺陷。有时候,"我所做的事"和"我做得有多好"变成了我的个人价值的包装纸,但大多数时候,我正在学着放下。养育孩子也让我领悟了很多。这一切混乱不堪,令人羞耻,而我正在学着展示自己生活中凌乱的一面。

为了控制我的完美主义,我允许自己做事只需达到"足够好"的标准。我做事很利索(照顾两个孩子会让你练就以闪电般的速度完成大部分事的本领),如果一件事已经做得"足够好",我就算过了自己这一关。我有几条颇为有效的咒语:

赛跑要想赢,脏一点没关系,胜在速度快。

完美是完成任务的绊脚石。

足够好才是真正意义上的好。

尼古拉斯·威尔顿(Nicholas Wilton[①])是位画家,我早期的书籍封面和网站上的精美插图都出自他的手。其作品常在画廊展出,或被私人收藏。此外,他还是平面艺术法(Artplane Method)的创始人。平面艺术法是一套基本的绘画和直觉原理体系,有助于让创意变成现实。

[①]Nicholas Wilton: http://nicholaswiltonpaintings.com/ and http://www.artplaneworkshop.com/

我非常喜欢他写的关于完美主义和艺术的文章,他的观点与"完美主义摧毁创意"的研究发现完全一致——这就是为何**"创作"是克服完美主义的最有效的方法之一**。以下是尼古拉斯的原话:

> 我总觉得,很久很久以前,有人将世界上的事情进行了有意义的分类——可以完善的和需要追求完美的。例如,商业世界就属于可以完善的——行式项目、电子表格、累积的事务,都属于可以被完善的。法律体系也并不总是完美的,但人们还是会费劲写下涵盖人类方方面面的法律条文——一种我们都应遵循的总括性行为准则。

> 完美对于制造飞机、高速列车或建造桥梁来说至关重要。隐藏在互联网表相之下的代码和数学也是如此。在这些情况下,要么完全正确,要么根本行不通。我们工作和生活的世界有很多事情都是建立在正确、完美的基础上的。

> 有人把一切组织得非常完美,但之后他/她留下了一堆不适合任何地方的东西,这些东西总得有个去处。

> 于是,这个人绝望地举起双臂说:"好吧,剩下的这些都不完美,似乎不适合任何地方,只能堆在最后这个很大的破盒子里,我们可以把它推到沙发后面。也许过两天我们可以再来想想它应该被放在哪里。让我们给盒子贴上'艺术'这个标签吧。"

因为这个问题一直没有得到解决,所以随着艺术作品越积越多,盒子终于满得装不下了。我认为这种两难境地之所以存在,是因为相比于其他井然有序的类别,**艺术最接近人类的本性:生存。不完美是我们的天性。我们拥有未经分类的感觉和情绪,会做一些有时未必有意义的事情。**

艺术完全是不完美的。

一旦你要做的事情被划分到"艺术"这一领域,几乎就像从完美那里获得了一张入场券。值得庆幸的是,它让我们摆脱了对完美的所有期待。

一说起我自己的工作的不完美,我总会指着沙发后面那个破旧的盒子,说那是艺术,而人们似乎也能理解,并且不会再以完美为标准要求我,然后他们会重新投入自己的工作中。

每当谈到脆弱和完美主义时,我都会引用这句歌词:"万物皆有裂痕,那是光进来的地方。"它出自莱昂纳德·科恩的歌曲《颂歌》(*Anthem*)。我钟情于这句歌词,是因为在我践行"足够好"的原则时,这句歌词给了我很多安慰和希望。

防卫盾牌 3:麻木

如果你在思索这部分是否与成瘾有关,在想"这跟我没什么关系",那么请继续看下去。这部分内容与我们所有人都有关。首先,最普遍的麻木策略之一就是我所说的**"疯狂忙碌"**。我常说，当他们开始为"忙碌狂"举行十二步会议（twelve-step meetings）时，他们需要把足球场租出去。**我们有这样一种文化，在这种文化中人们都接受这样的观念：如果我们足够忙碌，生活的真相就追不上我们。**

其次，统计数据表明，很多人都曾受到成瘾的影响。我相信我们都麻痹了自己的感情。我们或许不会强迫性或习惯性地这样做，也就是上瘾，但这并不是说我们不会麻痹我们的脆弱感。麻木的脆弱尤其令人丧失活力，因为它不仅会减轻艰难经历带给我们的痛苦，也会使我们对爱、快乐、归属感、创造力和同理心的体验变得麻木。我们不能有选择地麻痹情感。对黑暗失去感觉，也会对光明失去感觉。

如果你在想吸毒或下班后喝几杯酒属不属于麻痹情感——答案是肯定的。我要说的是，我们需要研究下"减压"的概念，这意味着我们要考虑的东西包括：我们在做饭、吃饭和饭后收拾时喝的那几杯酒，我们每周工作的60个小时，糖果，梦幻足球[①]，处方药，以及为了冲淡葡萄酒和布洛芬胶囊（Advil PM）的药效而喝的四杯浓缩咖啡。我说的是你和我，还有我们每天做的事情。

在看到相关数据时，我首先想到的问题是**"我们在麻痹什么？为什么？"**。今天的美国人在负债、肥胖、药物依赖、成瘾等方面的问题比以往任何时候都更加严重。美国疾病控制与预防

[①] 一款游戏。——译者注

中心（CDC）有史以来首次宣布，车祸已成为美国意外死亡的第二大原因。首要的原因是什么？用药过量。事实上，死于处方药服用过量的人比死于海洛因、可卡因和冰毒的人数总和还要多。更令人担忧的是，据估计，死于处方药服用过量的人中，只有不到5%的人是从我们通常认为的街头毒贩那里获得药品的。[1] 如今的药物提供者更有可能是父母、亲戚、朋友和医生。这显然是有问题的。我们急切地想感受更少或更多的东西——使某种东西消失或拥有更多别的东西。

与成瘾研究人员和临床医生密切合作多年的经验，让我了解到**麻木的主要驱动力是我们与价值感和羞耻感的斗争：我们麻痹了来自信心不足和"不够好"的痛苦**。但这只是问题的一部分。除了羞耻感之外，焦虑和疏离也会导致情感麻木。正如我将要解释的那样，麻木最强烈的需求似乎来自三种因素——羞耻感、焦虑和疏离——的结合。

受访者所描述的焦虑情绪似乎是由不确定性、对时间的压倒性和竞争性需求，以及（令人意外的）社会不适所引发的。疏离则更难界定。我想过用"抑郁"代替"疏离"，但我在重新分析相关资料时，听到的并不是这个词。相反，我听到的那些经历中，有抑郁，也有孤独、被孤立、疏离和空虚。

同样，对我个人和我的职业而言，真正震撼我的是，我在焦

---

[1] 资料来自罗伯特·斯图曼2011年在UP体检上的演讲。此视频观看地址：http://www.thestutmangroup.com/media.html#video

虑和/或疏离中看到了强烈的羞耻感。对于"是什么让人麻木"的问题，最准确的答案听起来更像是在回答"你是什么星座"。**羞耻感使人更加焦虑。羞耻感使人更加不想与外界联系。羞耻感使焦虑和疏离的情况愈加严重。**

经历焦虑的我们会产生羞耻感，因为我们不仅感到恐惧和失控，也无法应对日益严苛的生活，最终我们的焦虑感会变得更加复杂，让人难以忍受，因为我们认为，如果自己更聪明、更强大或更优秀，就能处理好一切。**麻木在这里成了一种摆脱不稳定和不自信的方法。**

疏离也是类似的情况。我们可能在脸书上有几百个朋友，另外还有一帮同事、现实生活中的朋友和邻居，但我们还是感到孤独和被忽视。因为我们天生就需要联结，疏离总会带来痛苦。感到被孤立或许是生活和人际关系中很正常的一部分，但如果我们认为这是因为自己不值得交往，由此生成的羞耻感就会使我们想麻痹痛苦。

被孤立比疏离更严重，它会带来真正的危险。卫斯理学院斯通中心的关系文化理论家让·贝克·米勒（Jean Baker Miller）和艾琳·施蒂弗（Irene Stiver）言辞犀利地指出了孤立的极端性。他们写道："我们认为，**一个人能体验到的最可怕、最具破坏性的感觉，就是心理上的孤立。**这与独处是不一样的。这种感觉就像是一个人被关在了与世隔绝的地方，并且无法改变现状。在极端情况下，心理上的孤立会导致无望和绝望。人们几乎愿意做任何事情来逃避这种被迫的孤立和无能为力的复杂局面。"

这个定义中对理解羞耻感很重要的一句话是"**人们几乎愿意做任何事情来逃避这种被迫的孤立和无能为力的复杂局面**"。羞耻感常常导致绝望。对这种从孤立和恐惧中逃离的迫切需求的反应常常表现为麻木、成瘾、抑郁、自残、饮食失调、欺凌、暴力和自杀。

当我回想起自己麻木的过往时，我明白了羞耻感是如何激化焦虑和疏离感的，这为我多年来一直疑惑的问题揭示了答案。我开始喝酒不是为了借酒消愁，我只是想做点什么。其实，我觉得如果智能手机和用珠宝装饰的吉娃娃——如今的明星们把它们当作炫耀的配饰——在我十多岁的时候就流行起来的话，我那时候就不会抽烟喝酒了。我又喝酒又抽烟，为的是尽量减轻自己的脆弱感，也是为了在同桌的其他女孩都被邀请去跳舞时显得自己也很忙。我确实需要做点什么，让自己看起来很忙。

二十五年前，我觉得我唯一的选择就是喝啤酒、搅拌杏仁酸酒，或者摆弄一支香烟。我独自一人坐在桌旁，除了我的恶习，没有人也没有别的什么东西和我做伴。对我来说，脆弱导致焦虑，焦虑导致羞耻感，羞耻感导致疏离，疏离带来百威淡啤。**对我们许多人来说，对情绪进行化学麻醉只是我们的行为——为了适应社会、寻找联结和控制焦虑所采取的行为——所产生的一种愉快但危险的副作用。**

十六年前，我戒了酒，也戒了烟。在《不完美的礼物》中，我这样写道：

> 我在成长过程中没有掌握"陷入不适"时所需要的技能和情感练习，所以，长大后我基本上变成了一个喜欢冒险的人。但他们没有开会讨论这个问题。经过一些简单的实验，我了解到在传统的十二步会议上用这种方式描述你的成瘾行为并不总是很受纯粹主义者的欢迎。
>
> 对我来说，失去控制的不只是舞厅、冰镇啤酒和我年轻时抽的特醇万宝路，还有香蕉面包、薯片和墨西哥玉米煎饼、电子邮件、工作、忙碌、没完没了的担心、计划、完美主义，以及其他任何可能会让那些痛苦和焦虑引发的脆弱变得迟钝的东西。

让我们来看看改变麻木的无畏策略。

应对策略：设定界限，寻求慰藉，滋养心灵

我在采访那些我认为过着全心投入的生活的人时发现，对于麻木这个话题，他们谈的都是以下三点：

1. 学会如何感受自己真实的情绪。
2. 注意那些麻木的行为（他们也在挣扎）。
3. 学会如何面对痛苦的情绪带来的不适。

这一切对我来说都很有意义，但我还想知道人们究竟是如何陷入焦虑和疏离的困境的。于是，我又开始专门就这个问题进行采访。不出我所料，我从中发现了更多的东西。这些人已经将"足够"提升到了一个全新的高度。是的，他们修习了正念，表达了喜好，但他们也在生活中设置了严格的界限。

我问了一些更尖锐的问题——关于全心投入的男女为了减轻焦虑而做出的选择和行为。他们解释说，减轻焦虑意味着关注自己能做多少以及做多少算太多，并学会如何说"足够了"。他们非常清楚什么对他们来说是重要的，以及什么时候可以放手。

在肯·罗宾逊（Ken Robinson）爵士2010年关于学习革命的精彩TED演讲[①]中，他一开始就向观众解释说他将这个世界上的人分为两大类，然后他停了一下，幽默地说："伟大的功利主义哲学家杰里米·边沁（Jeremy Bentham）曾经驳斥过这种观点。他说：'世界上有两种人，一种把人分成两类，另一种不把人分成两类。'"

罗宾逊停顿了一下，然后笑了。"好吧，我是前一种人。"我喜欢他说的，因为作为一名研究人员，我也是前一种人。不过，在谈论我分好的两个小组之前，我想说这种分法不像两个独立的小组那样界限分明，但它几乎是清楚明了的。让我们来看一看。

[①] 肯·罗宾逊爵士2010年TED演讲观看地址：http：//www.ted.com/talks/lang/en/sir_ken_robinson_bring_on_the_revolution.html

说到焦虑，我们都在苦苦挣扎。是的，焦虑有不同的类型，当然也有不同的强度。有些焦虑是天生的，最好通过药物和治疗相结合的手段来解决，有些是环境因素造成的——过度劳累，压力过大。我感兴趣的是受访者如何被分成两个阵营：A组认为要想克服焦虑就要寻找控制和缓解焦虑的方法，而B组则认为克服焦虑的关键在于改变导致焦虑的行为。

两个小组的受访者在访谈中大多认为当今的主流技术是焦虑的来源，所以，让我们来看看这两组人对每天铺天盖地而来的电子邮件、语音邮件和短信有什么不同的看法。

A组："我给孩子们掖好被子后会煮一壶咖啡，这样我就可以在晚上10点到午夜12点之间处理所有的电子邮件。如果邮件太多处理不完，我会在凌晨4点醒来，接着回复。我不喜欢收件箱里还留着没有回复的邮件。这么做确实会累得要命，但至少回复了所有的邮件。"

B组："我已经停止发送不必要的电子邮件，并要求我的朋友和同事也这么做。我还希望对方能留给我几天的回复时间。如果对方有要事相商，最好给我打电话，不要发短信或电子邮件。请打电话。不过，最好还是到我的办公室来找我。"

A组："我利用等红灯的时间、排队购买食物的时间和乘电梯的时间来接听电话。我甚至开着手机睡觉,以防有人打电话来,或者我半夜想起什么事需要交代。有一次,我在凌晨4点打电话给我的助理,因为我想起我们需要在正准备的一项议案中添加一些内容。她接了电话,这让我很惊讶,不过后来她提醒我,我告诉过她要把手机放在床头柜上。工作完成后,我会休息,会放松。该工作的时候就努力工作,该玩儿的时候就尽情玩儿。这就是我的座右铭。而且,如果你有一段时间没有好好睡觉,玩儿的时候也没法尽兴。"

B组:"我的老板、朋友和家人都知道我不会在早上9点之前或晚上9点之后接电话。如果这段时间电话响起,要么是有人拨错了号码,要么就是有紧急情况发生——真正的紧急情况,而不是工作上的事情。"

A组成员与麻木的斗争最激烈,他们解释说,减少焦虑意味着找到麻痹焦虑感的方法,而不是改变导致焦虑的思维、行为或情绪。我不喜欢这部分研究。我一直在寻找更好的方法来处理我的疲惫和焦虑。**我需要的是"像这样生活"的帮助,而不是如何"停止像这样生活"的建议。**我的挣扎反映了我从那些最常谈论麻木的人那里听到的挣扎。较不受麻木困扰的B组成员——那些通过将自己的生活与价值观相匹配并设定界限从根本上解决焦虑问题的受访者——落在了"全心投入"的连续统一体上。

当我们询问B组成员是如何设定界限和限制来减少生活中的焦虑时，他们都毫不犹豫地将价值和界限联系起来。我们必须相信自己拥有的或承受的已经足够了，才能说出："够了！"对于女性来说，设定界限是很困难的，因为羞耻感小魔怪们很快就会插上一脚，说道："说'不'要小心哟。你会让这些人失望的。不要让他们失望。做个好女孩。让每个人都开心。"对男人来说，小魔怪们会对他们轻声耳语："振作起来。一个真正的男人可以承担这个，也能承担那些。妈妈的小儿子是不是太累了？"

我们知道，"无所畏惧"在很大程度上意味着我们要直面脆弱，而当羞耻感占据上风时，这是不可能发生的，同样的道理也适用于处理焦虑引发的疏离。联结的两种最强大的形式是爱和归属感——它们是男人、女人和孩子不可缺少的需求。在进行采访时，我意识到将那些感受到深深的爱和归属感的男女与那些似乎还在为之奋斗的人区分开来的只有一件事——相信自己的价值。**事情就是这么简单又复杂：如果我们想充分体验爱和归属感，我们必须相信我们值得被爱和被接纳。** 但是，在我们进一步谈论麻木和疏离之前，我想先分享另外两个定义。我在第109页分享了我对爱的定义，以下是我总结的关于联结和归属感的定义。

> **联结**：联结是当人们感觉自己被看到、被听到和被重视时，当他们可以不加判断地给予和接受时，他们之间产生的能量。

归属感：归属感是人类与生俱来的欲望，即渴望成为比自己更强大的事物的一部分。这种渴望出自本能，我们经常通过适应环境和寻求认可来获得归属感，但适应和认可都不能取代归属感，反而会成为真正获得归属感的阻碍。因为**只有当我们袒露真实的、不完美的自我时，我们才能获得归属感，自我接纳远比归属感更加重要。**

对于理解我们如何在生活中变得孤立以及如何改变这种状态而言，这些定义是至关重要的。要想过一种联结互动的生活，最终都是要设定界限的，要少花点时间和精力去取悦那些无关紧要的人，并看到努力与家人和亲密朋友建立联系的价值。

在开始这项研究之前，我的疑惑是"怎样才能尽快消除这些感觉？"。今天，我的疑惑是"这些感觉是什么？它们来自哪里？"。毫无疑问，答案是我和史蒂夫或孩子们的联结不够紧密，而这一切都源于（你可以自己选择）睡眠不足、玩得不够、工作太多，或试图逃避脆弱。对我来说，发生改变的是，我现在知道我可以解决这些问题。

关怀和滋养我们的心灵

还有最后一个问题,它是我经常听到的。人们常问:"快乐、舒适和麻木之间的界限在哪里?"作为回应,作家兼个人成长老师珍妮弗·劳登(Jennifer Louden[①])将我们的麻木手段命名为**"影子慰藉"**(shadow comforts)——**当我们感到焦虑、被孤立、脆弱、孤独、无助时,酒、食物、工作和无休止的上网就像是一种安慰,但实际上它们只是在我们的生活中投下了长长的阴影。**

她在《生活的组织者》(*The Life Organizer*)一书中写道:"影子慰藉可以以任何形式出现。真正的安慰和影子慰藉间的区别并不在于你做了什么,而在于你为什么这么做。你可以把一块巧克力当作甜蜜的圣饼——一种真正的安慰;或者你也可以把一整块巧克力都塞进嘴里,甚至连它是什么味道都没尝,只是想用这种疯狂的方式让自己平静下来——这是影子慰藉。你可以在留言板上聊上半个小时,因为你想加满能量后再回去工作,或者你这样做也可能是因为你不想和伴侣聊起他或她昨晚让你很生气的事。"

我从数据中得到的恰恰是劳登所指出的:"关键并不在于你做了什么,而在于你为什么这么做。"因此,我们应该思考的是

---

① http://jenniferlouden.com/

我们的选择背后的意图，我们也可以与家人、密友或专业人士讨论这些问题，如果我们觉得这样做会有帮助的话。没有任何检查列表或规范可以帮助你识别影子慰藉或其他破坏性麻木行为，这需要自我反省。此外，如果你爱的人说他们关心你的这些行为，我建议你可以认真倾听。但归根结底，这些问题超越了我们的认知感受——它们与我们的精神有关。我的选择是抚慰、滋养我的精神，还是暂时缓解我的脆弱和消极情绪，尽管它最终会削弱我的精神？我的选择让我全心投入，还是让我感到空虚和迷茫？

对我来说，坐下来吃一顿美餐就是一种滋养和快乐；站着吃东西，无论是在冰箱前还是在厨房里，都是危险的信号。坐下来看我最喜欢的电视节目是一种乐趣；而在几个频道间来回切换一个小时，则是情感麻木的表现。

当我们在考虑自己的精神是在被滋养或是被削弱时，我们也要考虑下自己的麻木行为是如何影响周围的人的，甚至包括陌生人。几年前，我为《休斯敦纪事报》写过一篇关于手机和断网的专栏文章，在那之前，我目睹了我们疯狂忙碌、焦虑不安的生活方式是如何影响他人的。我写下了这段发人深思的文字：

> 上周，当我正试着享受修指甲的乐趣时，我惊恐地看到对面的两个女人在修指甲的时候一直在用手机聊天。她们用点头、扬眉和指指点点的方式向美甲师示意她们所选

择的指甲长度和指甲油的种类。

我真的不敢相信眼前的这一幕。

十年来,我的指甲一直都是那家店的两位女性美甲师修剪的。我知道她们的名字(她们真实的越南名字)、她们孩子的名字,还有她们的许多经历。她们也知道我的名字、我几个孩子的名字,还有我的许多故事。我最后对那两位埋首手机的女顾客提出了批评,她们迅速移开了目光。最后,美甲师小声说:"她们不知道。她们大多数人都不把我们当人看。"

回家的路上,我在 Barnes & Noble[①]书店买了一本杂志。排在我前面的一位女士买了两本书,申请了一张新的"读者卡",并要求将其中一本书包装成礼品。整个过程中,她的视线都没有离开过手机,她低头沉浸在自己的世界里,与在柜台工作的那个年轻女人既没有眼神交流,也没有语言交流,就这样一直无视着眼前的人。

离开书店后,我又去了一家免下车快餐店,准备买一瓶低糖的胡椒博士(Dr Pepper)饮料。当我把车停在窗口时,我的手机响了。虽然不太确定,但我想那可能是查理的学校

---

① 美国最大的实体书店,也是全球第二大网上书店,仅次于亚马逊(Amazon)。——译者注

打来的电话，于是我就接了。结果，电话不是学校打来的，而是有人打来确认见面时间的。我想尽快挂掉电话。

我对着手机匆匆说了句："好的，我会赴约的。"然后就把钱交给了窗口里的那个女人，她递给我一瓶苏打水。我一挂断电话就向她道歉。我说："我很抱歉。我刚停车，手机就响了，我以为是我儿子的学校打来的电话。"我的举动肯定让她吃了一惊，因为她眼里噙满了泪水，对我说："谢谢你。太感谢你了。你不知道有时候这有多丢人。那些顾客甚至都不看我们一眼。"我无法体会她的感受，但作为服务行业的一名隐形成员，我明白那种滋味。那种滋味糟透了。我靠当侍应生和酒吧招待挣钱完成了本科和研究生的学业。我在一家很不错的餐厅打工，那里离学校很近，是有钱的大学生和他们的父母（周末过来请孩子和他们的朋友吃大餐）的热门去处。我当时已经年近三十，很希望能在三十岁之前拿到学士学位。

碰到友好、懂得尊重人的顾客，那当然没问题，但遇到"不拿服务生当人看"的时刻会让我崩溃。遗憾的是，我现在看到，这样的时刻每时每刻都在发生。

我看到有些成年人在和服务员说话时甚至都不看他们一眼。我看到有些父母任由年幼的孩子用高人一等的口气对店员说话。我看到人们对前台接待人员高声怒斥，转身又以最大的敬意对待老板／医生／银行家。

我看到种族、阶级和特权的阴险本质以一种有史以来最具破坏性的方式——服务与被服务的关系——表现出来。

每个人都想知道为什么客服行业会一蹶不振。我想知道的是，为什么顾客的行为会变得一团糟。

当我们把人当作物对待时，就会抹杀他们的人性。我们会对他们的灵魂和我们自己的做出一些非常可怕的事情。出生在奥地利的哲学家马丁·布伯（Martin Buber）曾撰文写过"我—它（I—it）"关系和"我—你（I—you）"关系之间的差异。"我—它"关系基本上是我们在与不被我们当作"人"看待的对象——这些人只是在为我们服务或完成一项任务——进行交易时建立的。而"我—你"关系的特点是人情纽带和同理心。

布伯写道："**当两个人真诚地、充满人情味地相处时，上帝就是他们之间涌动的心灵电流。**"

在耗时十年研究归属感、真实性和羞耻感之后，我可以肯定地说，我们天生就有情感上的、身体上的和精神上的联结。我并不是建议我们要与在洗衣店工作的男人或在免下车餐厅工作的女人建立一种深厚而有意义的关系，而

> 是建议我们停止将人们"非人化",开始在与他们交谈时正视他们的眼睛。如果我们连这个小小的举动都没有精力或时间去做,那就应该待在家里哪儿都别去。

"灵性"(spirituality)是全心投入的基本准则。它不是虔诚的宗教信仰,而是一种根深蒂固的信念,即我们通过一种比我们自身更强大的力量——一种基于爱和同情的力量——紧密地联系在一起。对有些人来说,那种力量就是上帝,对另一些人来说,那是自然、艺术,甚至是人类的灵魂。我相信,承认我们的价值就是承认我们是神圣的。也许,接受脆弱和克服麻木最终是为了关怀和滋养我们的心灵。

较不常见的防卫盾牌

到目前为止,我们已经打开"武器库"的大门,了解了常见的武器——几乎每个人都会用它们来保护自己不受脆弱攻击。掺杂着不祥预感的喜悦、完美主义和麻木已经成为三种最普遍的保护方式,我们称之为主要的防御类别。在本章的最后部分,我想简要地探讨一下"武器库"中比较少见的货架,那里存放着更多的面具和构成重要保护机制的子类别的零部件。我们大多数人很可能会认同其中的一种或多种保护机制，或者，至少我们会看到自己曾使用过的防卫武器那光亮的表面反射的银光，从而培养一些判断力。

防卫盾牌1：拯救者或受害者

当一组受访者表示他们很少使用脆弱这一概念时，我认出这是一件盔甲。他们对"脆弱可能有价值"的想法反应各异，有不屑一顾的，有充满戒备的，也有怀有敌意的。从这些采访和互动中，我们看到了一个真实的世界。从本质上看，人们可以被分成两大类（像我和肯·罗宾逊爵士一样），我将这两个类别分别叫作"拯救者"和"受害者"。

不同于一些认为脆弱的价值存在知识性或理论性问题的受访者，这些人认为每个人无一例外都属于两个相互排斥的群体之一：**要么是生活的受害者**（一个总是被利用而无法坚持自己想法的傻瓜或失败者），**要么就是拯救者**（那些将受害的威胁视为家常便饭的人，所以他们要去控制，去主宰，要对事物施加影响，从不表现脆弱的一面）。

在对这些采访数据进行编码时，我总是想起我在论文里提到法国哲学家雅克·德里达（Jacques Derrida）和二元对立（对立的相关术语的配对）的那一章。虽然受访者陈述的例子都截然不同，但**他们用来描述世界观的语言中都出现了一种强烈的对立**

模式：赢家或输家，生存或死亡，杀人或被杀，强者或弱者，领导者或追随者，成功或失败，压垮或被压垮。如果这些例子的意思表达得还不够清晰的话，那么，还有一句人生箴言肯定说得透彻。这句话出自一位成绩斐然、行事积极的律师："这个世界上只有两类人，分别是浑蛋和笨蛋。就是这么简单。"

关于他们的"拯救者或受害者"世界观的来源，我们并不完全清楚，但大多数人将其归因于他们从小到大接受的价值观、在逆境中生存的经历或者他们接受的专业训练。持这种观点的大多数受访者是男性，但也有女性。这是一个有性别差异的问题，因为许多男人甚至那些不依赖这种盔甲的男人，都在谈论他们成长过程中被教导和塑造的"一方赢，另一方就会输"的相互作用模式。别忘了，求胜心切、支配和控制女性是我们在第三章中讨论的男性行为规范的一部分。

除了来自社交和生活经历的影响，这些人中的许多人还在强化"要么拯救，要么受害"心态的文化环境中工作：我们从男女军人、退伍军人、惩教人员和执法人员，以及在法律、技术和金融等高效、竞争激烈的文化背景下工作的人那里听到了这一点。我不知道的是，这些人是在寻求能够利用他们现有的"拯救者或受害者"信念体系的职业，还是他们的工作经历塑造了这种**非赢即输**的人生态度。我猜想，更多的人属于前一个群体，但没有数据支撑，所以，除了猜测，我们暂时没有别的进展。目前，我们正在对此展开研究。

让这些采访变成某种最大的难题的一个问题是人们的坦诚，他们如实地呈现了他们在个人生活中的挣扎——处理高风险行为、离婚、被孤立、孤独、成瘾、愤怒和疲惫等。但是，他们并没有将这些行为和负面结果看作"拯救者或受害者"世界观的结果，而是将它们视为生活中"非赢即输"这一残酷本质的证据。

当我查看一些更难以忍受脆弱的持有"要么拯救，要么受害"心态的职业的相关统计数据时，我发现一种危险的模式正在形成。这一点在军队中最为明显。与创伤后应激相关的自杀、暴力、成瘾和冒险行为的统计数据都表明了一个令人难以忘怀的事实：**对于在阿富汗和伊拉克服役的士兵来说，回家比上战场更致命。**

从开始入侵阿富汗到2009年夏天，美国军队在阿富汗共损失了761名士兵。相比之下，同一时期有817人自杀。这个数字还不包括与暴力、高危行为和成瘾有关的死亡人数。

得克萨斯大学心理学家兼自杀问题专家克雷格·布莱恩（Craig Bryan）最近离开了空军，他告诉《时代》杂志，军方发现自己陷入了两难境地："我们训练我们的战士使用受控制的暴力和攻击，在面对逆境时压制强烈的情感反应，忍受身体和情感上的痛苦，克服对受伤和死亡的恐惧。但同时，这些特性也会增加自杀的风险。"布莱恩接着解释说，军方不可能"在不影响军队战斗力的情况下"降低这种条件作用的强度。他指出："简单地说就是，凭借他们的专业训练，军人更有能力自杀。"这句令人不寒而栗的话表达了军人通过"拯救者或受害者"的视角看待世界所固有的危险。这种情况在军队中可能最为严重，但如果你查看警察的心理和身体健康统计数据，你会发现同样的情况。

在企业中也是如此——**当我们倡导、教导或宣扬"拯救者或受害者""非赢即输"的信念时，我们会摧毁自己的信念、革新力、创造力和对变化的适应能力。**事实上，我们发现，即使没有枪，美国企业中的"士兵"和"警察"也会面临类似的结果。律师这个职业主要是在输赢、成功或失败方面接受培训，其结果也好不到哪里去。美国律师协会的报告称，律师的自杀率接近普通人群自杀率的四倍。《美国律师协会会刊》上的一篇文章称，研究律师的抑郁症和药物滥用的专家认为，律师自杀率较高的原因在于律师的完美主义，以及他们需要表现出攻击性和情感的抽离。这种心态也会渗透到我们的家庭生活中。如果我们教导孩子或者以自己的亲身经历告诉他们，脆弱是危险的，我们应该远离它，那么我们会直接将他们带入危险之中，使他们脱离与外界的联系。

"拯救者或受害者"盔甲不仅延续了对那些自认为是拯救者的人的统治、管制和控制，还使那些一直纠结于自己被当作攻击目标或受到不公平对待的人产生一种持续的受迫害感。在这个视角下，人们只可能做出两种选择——掌控一切或无能为力。在采访中，我发现许多受访者表现得像个"受害者"，因为他们觉得如果不这么做就只能选择成为"拯救者",而他们不想成为"拯救者"。当我们在生活中的选择减少到如此有限和极端的地步时,发生转变和有意义的改变的希望就变得微乎其微。我想这就是为什么人们常常会有一种绝望的感觉,觉得自己被困住了。

应对策略:重新定义成功,重新接纳脆弱,并寻求支持

要想弄清楚受访者是如何从"拯救者或受害者"的心态中走出来并表现出脆弱的,我们要明确那些遵循这种信仰体系行事的人(他们学习这种信仰体系,或者将其视为自己的价值观)与那些由于创伤而依赖这种生活视角的人之间的区别。最后,"拯救者或受害者"这种价值观背后的逻辑面临的最大挑战是:**你如何定义成功?**

事实证明,在这种"要么赢要么输""要么成功要么失败"的模式中,用任何我们大多数人称之为"成功"的标准去衡量,"拯救者"都不是赢家。在竞争、战斗或心理重创中,生存或获胜或许可以称之为"成功",但如果这种威胁的直接性被消除,生存并不等同于生活。正如我前面提到的,爱和归属感是男人、女人和孩子不可缺少的需求,爱和归属感是不可能在不展现脆弱的前提下体验的。**没有联结的生活——不知道爱和归属感——不是胜利。**恐惧和匮乏感会强化"拯救者或受害者"的心理,而重建脆弱在某种程度上意味着检查羞耻感的触发因素:是什么助长

CHAPTER 4
防卫脆弱的"武器库"

了这种"非赢即输"的恐惧？从这种模式转变为全心投入的男男女女都曾谈到，在人际关系中培养信任和联结，是尝试一种不那么好斗的接触世界的方式的先决条件。

就联结和军队而言，我并不主张建立一支更友善、更温和的战斗队伍——我理解各个国家和保家卫国的士兵所面临的现实。我倡导公众变得更加友善、更加温和，愿意接纳、支持和帮助那些为了不表现出脆弱而付出代价的男男女女。**我们愿意敞开心扉，联结彼此吗？**

TeamRWB 网站正在进行的工作就是一个很好的例子，说明了联结是如何被修复和转变的。从他们的使命宣言可知，他们认为影响退伍军人生活的最有效方式是让其与社区里的某个人建立有意义的关系。他们的计划是将受伤的退伍军人与当地的志愿者结对。志愿者陪退伍军人吃饭、看病、参加当地的体育赛事，以及其他社交活动。这种互动让退伍军人在自己的圈子里往前迈了一步，结交对他们有帮助的人，在生活中找到新的热情。

我对这项工作的兴趣不仅源于我的研究，还源于我在休斯敦大学的一堂课上与一群退伍军人和军人家属合作的一个"羞耻感复原力项目"。这段不寻常的经历改变了我的生活。它让我意识到了我们公众能为退伍军人做些什么，以及为什么我们对战争的政见和信仰不应该阻止我们以脆弱、同情和联结的心态向他们伸出援手。我将永远感激那次经历，以及我在采访退伍军人时的收获。对我们中间许多为战争之殇而悲痛的人来说，我们正在失去一个治愈伤痛的机会，而这个机会就在我们眼前。RWB团队的口号是"该我们上场了！"。这是在呼吁所有想做点什么事情来支持退伍军人的人采取行动。我现在和他们一起做事，我邀请每个人都努力伸出援手，无所畏惧，采取行动，以此向退伍军人或军人家属表明心迹：你们并不孤单。这些举动传达出的意思是：**你的挣扎就是我的挣扎。你的创伤就是我的创伤。你的治疗就是我的治疗。**

创伤与无所畏惧

我们都很难理解为什么有些创伤——无论是战争、家庭暴力、性虐待或身体虐待造成的创伤，还是更为安静但同样具有破坏性的被压迫、被忽视、被孤立或生活在极度恐惧或压力下的隐性创伤——的幸存者表现出巨大的复原力，过着充实、全心投入的生活，而另一些人则被自己的创伤所禁锢，他们可能会成为自己遭受过的暴力行为的实施者，会与成瘾做斗争，或者**无法摆脱自己是受害者的感觉，即使他们根本就不是受害者。**

在研究羞耻感六年之后，我发现部分答案是羞耻感复原力——复原力最强的人有意识地培养了我们在前几章讨论过的四个要素。另一部分答案对我来说是难以捉摸的，直到我开始了新的研究，针对全心投入和脆弱进行了采访后，这部分答案才完全说得通了。如果我们被迫以"拯救者或受害者"的视角来看待这个世界，以此作为一种生存机制，那么放弃这种世界观会让人觉得不可能，甚至是致命的。我们怎么能指望有人会放弃他们看待和理解世界的方式呢？正是这种方式让他们在身体上、认知上或情感上得以存在。**如果没有莫大的支持和可以替代的策略，我们任何人都无法放弃我们当下的生存策略。**放下"拯救者或受害者"盾牌通常需要了解创伤的专业人士的帮助。团队的作用也不容小觑。

那些从创伤中挺过来并全心投入生活的受访者热情地谈到，他们需要做的是：

- 承认问题；
- 寻求专业帮助和/或支持；
- 克服随之而来的羞耻感和隐秘感；
- 将重建脆弱作为日常实践，而不是清单中的项目。

尽管所有关于全心投入的访谈都体现了"灵性"的重要性，但对于那些认为自己不仅是创伤后幸存者，而且是"力争上游者"的受访者来说，"灵性"显得尤为重要。

防卫盾牌 2：毫无保留

我发现我们的文化中有两种形式的过度分享：一种我把它称为"强力照明"，另一种是"打砸抢掠"。

正如我们在关于脆弱的误解的章节中所讨论的，**过度分享不是展现脆弱**。事实上，它经常会导致不联结、不信任和不参与。

防卫盾牌 2.1：强力照明

要理解"强力照明"，我们必须看到，这种分享背后的意图是多方面的，通常包括缓解痛苦、测试一段关系的忠诚和宽容度，和/或给一段新的关系升温（"我们才认识几个星期，但我要和你分享这个，我们现在就是好朋友了"）。遗憾的是，对所有做过这种事的人（包括我自己在内）来说，我们得到的反馈通常与我们所期待的相反：对方退缩，不做回应，因而加剧了我们的羞愧感和疏离感。你不能用脆弱来减轻自己的不适，也不能把脆弱当作一段关系中的宽容信号（"我分享我的脆弱是为了看看你是不是还在我身边"），也不能用脆弱来加速一段关系——它是不会配合的。

通常，我们敞开心扉，袒露自己的心声，说出我们的恐惧、希望、挣扎和快乐时，我们会创造出小小的联结火花。我们共同的脆弱在通常黑暗的地方创造了光明。我用闪烁的灯光——我在家里一年到头用的都是发出这种光的灯，为的就是提醒自己——来比喻这一点。

CHAPTER 4
防卫脆弱的"武器库"

在暗处和困境里，闪烁的灯光有一种魔力。灯很小，一盏灯也没有特别之处，但一整串闪闪发光的灯是绝美的。正是这种连通性让它们变得美丽。说到脆弱，连通性指的是与那些有权倾听我们的故事的人分享我们的故事——我们与他们之间的关系能够承载起我们的故事。我们之间有没有信任？有没有相互同情？有没有互惠共享？我们能要求我们所需要的吗？这些都是重要的连通性问题。

当我们与和自己没有连通性的人分享脆弱，尤其是羞耻经历时，他们在情感上的（有时是身体上的）反应往往是退缩，就好像我们在用强光直射他们的眼睛。**我们共同的脆弱不是一束微弱的光，而是令人目眩的、刺眼的、难以忍受的光。**如果我们是光线的接收方，我们就会飞快地用双手遮住脸，我们会把整张脸（不仅仅是眼睛）都挡住，然后把目光移开。当光消失后，我们会感到疲惫、困惑，有时甚至有被操纵的感觉。这不完全是讲故事的人所期待的移情反应。即使对我们这些研究同理心并教授同理心技巧的人来说，当对方的过度分享使我们无法与他们保持联系时，我们也很难保持协调。

应对策略：明确意图，划定界限，建立联结

光的绝美在很大程度上归功于黑暗。我们生命中最强大的时刻就发生在我们把勇气、同理心和联结所产生的微弱光芒串在一起，并看到它们在我们抗争的黑暗中闪耀的时候。当我们用脆弱照亮我们的听众时，黑暗就消失了，他们的反应就是断开联系。然后，我们用这种疏离来证明我们永远不会找到安慰，我们不值得拥有人际关系，我们的人际关系一点都不好，或者，在过度分享的情况下，我们永远不会拥有我们渴望的亲密关系。我们认为"脆弱就是个谎言。这不值得，我也不值得"。我们不明白的是，利用脆弱与展现脆弱不是一回事。相反，利用脆弱是在穿盔甲。

有时候，我们甚至没有意识到自己是在将过度分享当作盔甲。不顾一切地分享可以消除我们的脆弱，或者我们的羞耻经历。那些给我们带来了巨大的痛苦的事情，我们往往会脱口而出，因为我们无法忍受再忍一秒钟的想法。我们的本意也许不是消除脆弱，不是脱口而出保护自己，也不是推开别人，但我们的行为造成了这些结果。无论我们是消除的一方还是接受的一方，自我关爱都是非常重要的。当我们分享得太多太快的时候，必须给自己一个喘息的机会；当我们感觉自己无法容忍那些强力照射我们的人时，必须练习自我仁慈。评判会加剧疏离。

听到这些，有时人们会问我如何决定分享的内容，以及在工作中如何分享。毕竟，我在工作中分享了很多自我经历，而且我肯定没有与你们所有人或听我演讲的观众建立起信任的关系。这是一个重要的问题，我的回答是，我不会讲故事，也不会与公众分享脆弱，除非我和我爱的人一起克服了这些脆弱。**分享什么、不分享什么，我都有自己的界限，我还时刻牢记着自己的本意。**

首先，我只分享我的亲身经历或故事，并且还得在事实确凿的前提下分享。我不分享我定义的私密故事，也不分享那些讲述新创伤的故事。在我职业生涯的早期，我曾经做过一两次这样的事情，那种感觉真是糟透了。什么也比不了凝视着一千名观众的感觉，他们向你投射过来的是闪光灯般的目光。

其次，我遵循我在研究生社会工作培训中学到的规则：分享你自己的知识或推进某个进程可能会有效，但将披露信息作为一种处理个人事务的方式并不合适，也不道德。

最后，只有当我没有未满足的需求时，我才会分享。我坚信，只有在分享与治愈相联系时，而不是与反馈期望相联系时，在更多的观众面前展示脆弱才是一个好主意。

我问过其他通过博客、书籍和公开演讲分享故事的人，发现他们的方法和意图都非常相似。我不希望任何人因害怕"强力照明"而不愿分享他们的心路历程，但是当我们面对更多人时，就要注意我们分享的内容、分享的原因以及分享的方式，这很重要。对于那些以写作或说话的方式让我们明白自己并不孤单的人，我们都应心存感激。

如果你觉得自己有这个盾牌，可以问问自己以下几个问题，也许会对你有所助益：

- 我为什么要分享这个？
- 我希望有什么结果？

- 我正在经历什么情绪？
- 我的意图和我的价值观一致吗？
- 有没有一个结果、一个反应或者没有反应会伤害我的感情？
- 我是为了联结才分享的吗？
- 我真的在向那些出现在我生命中的人索取我需要的东西吗？

防卫盾牌 2.2："打砸抢掠"

如果说"强力照明"是在**滥用脆弱**，那么过度分享的第二种方式就是把脆弱当作一种操纵工具。"打砸抢掠"是指窃贼破门而入或闯入商店橱窗抢夺财物，这种行为是草率鲁莽的、未经筹划的、孤注一掷的。**把"打砸抢掠"当作"脆弱盔甲"就是在用私密信息打破人们的社交界限，然后攫取你能得到的所有注意力和能量。**这种现象在追求轰动效应的名人文化中最为常见。

遗憾的是，老师和学校管理人员告诉我，他们在初中生群体中也见过这种"打砸抢掠"行为。"强力照明"至少需要我们确认自己的价值观，而这种所谓的袒露脆弱则不同，它给人的感觉并不那么真实。虽然我的采访对象中有过这种行为的人还不够多，不足以揭示这种行为的动机，但到目前为止它凸显的目的是寻求关注。当然，价值问题能够也确实在支撑我们寻求关注，但在我们的社交媒体世界里，我们越来越难以确定什么是真正的联结尝试、什么是刻意表现。我只知道，这不是脆弱。

应对策略：质疑意图

这种自我暴露（self-exposure）反而让人觉得是单向的，对那些参与其中的人来说，他们更想获得的似乎是观众，而不是亲密关系。如果我们发现自己陷入了"打砸抢掠"，我认为，可供我们对照现实自我核查的问题和"强力照明"那部分的问题（见 P169）是一样的。我认为同样重要的是，要问问自己："这种行为的驱动力是什么？""我是在试着接触、伤害某人，还是在与特定的人建立联结？这种做法对吗？"

防卫盾牌 3：迂回蛇行

我不是那种喜欢闹剧式幽默或怪诞喜剧的人。我更喜欢好看的爱情喜剧，或者节奏缓慢、以角色为导向的米拉麦克斯电影。这使得我用来比喻这种特殊的脆弱保护机制的电影片段显得有些古怪。但老实说，每次看《妙亲家与俏冤家》（*The In-Laws*），我都会笑到脸疼。一想起来就笑到不行。

这部电影是 1979 年上映的喜剧片，由彼得·福克和艾伦·阿金主演。在他们孩子的婚礼前夕，牙医谢尔顿·科恩佩特（艾伦·阿金饰演）与文斯·里卡多（彼得·福克饰演）见了面。谢尔顿是新娘的父亲，文斯是新郎的父亲。阿金扮演的是一个焦虑、拘谨、古板的牙医。福克扮演的是一名中央情报局特工，他看起来像个无赖，根本就不把汽车追逐和枪战放在眼里。你可能已经猜到了，是的，这个讨人喜欢但行事鲁莽的特工把不知情的牙医拖进了麻烦不断的境遇。

这部电影的情节很老套，但彼得·福克饰演的那个有些蛮横的特工还是相当出彩的，艾伦·阿金饰演的那个极端保守的男人也堪称完美。我最喜欢的场景是福克告诉惊慌失措的阿金，要以"之"字形奔跑来躲避子弹。当时他们完全暴露在机场跑道上，同时被多名狙击手射杀，福克大声喊道："'之'字形，谢尔顿！'之'字形！"牙医一度奇迹般地找到了藏身之处，但他想起自己没有跑出"之"字形，于是他又跑回枪林弹雨中，这样他就可以以"之"字形线路重新跑回藏身地。我真的太喜欢这个情节了，所以我把这段两分钟的视频放到了我的网站（http://www.brenebrown.com/videos）上。

虽然我不知道为什么这一幕会让我发笑，但每次看到这里，我还是会放声大笑。也许是彼得·福克两眼发直地来回奔跑，大喊"'之'字形"的画面太有喜感了。也许是因为我想起了自己和爸爸、哥哥一起看这部电影的时候曾经闹翻过的画面。直到今天，如果我们在家聊天时气氛突然变得紧张，这时候，只要有人淡淡地说句"'之'字形"，其他人都会跟着大笑起来。

"迂回蛇行"是一个完美的比喻，它告诉我们，避开脆弱需要拼尽全力，而直接面对它则不需要付出太多的努力。"迂回蛇行"还传达了这样一个信息：面对像脆弱这样既无边无际又耗时

耗力的情感，想曲折前进完全是徒劳无功的。

"迂回蛇行"指的是试图控制局面，抽身而退，假装什么也没有发生，或者假装不在乎。我们用它来逃避冲突、不适、可能发生的对抗、潜在的羞耻或伤害/批评（自己或他人造成的）。"迂回蛇行"会导致躲藏、假装、逃避、拖延、辩解、责备和撒谎。

当我感到脆弱的时候，我就有一种想"迂回蛇行"的倾向。如果我必须打一个艰难的电话，我会试着写下双方可能出现的对话，我会说服自己应该耐心等待，我会起草一封电子邮件，同时告诉自己写出来会更好，我还会想出许多其他事情来做。我会激动地来回奔跑，直到精疲力竭。

应对策略：身处当下，专心警觉，勇往直前

在我发现自己试图迂回蛇行以远离脆弱时，总能听到彼得·福克的声音在我脑海里大声喊："'之'字形，谢尔顿！"这让我笑得喘不过气来。呼吸和幽默是检验我们的行为的好方法，也是开始展现脆弱的好方法。

"迂回蛇行"是很耗费体力的，为了避开某事而来回奔跑不是一种好的生活方式。我在苦思冥想"迂回蛇行"的好处时，想起了我从一个住在路易斯安那沼泽地的老人那里得到的建议。当时，父母带着我和哥哥去新奥尔良的一家公司经营的沼泽地水道钓鱼。让我们进去的那个人说："如果鳄鱼向你扑来，就跑

'之'字形——鳄鱼速度很快，但不擅长转弯。"

好吧，的确有一只鳄鱼冲出了水面，把我妈妈的钓鱼竿吃掉了，但它没有追上我们。而且，事实证明，那人的话是个不实传言。据圣地亚哥动物园的专家称，不管是不是跑"之"字形，我们都可以轻松地逃脱短吻鳄的追赶。它们的最高时速约为十英里或十一英里，更重要的是，它们跑不了多远。鳄鱼获得猎物靠的是突然袭击，而不是长途追捕。从这个意义上说，它们很像生活在耻辱沼泽地里的小魔怪，让我们远离脆弱。所以，我们不需要蜿蜒前行，我们只需要活在当下，关注当下，勇往直前。

防卫盾牌 4：冷嘲热讽、批评指责、冷漠无情、刻薄伤人

如果你决定走进竞技场，无所畏惧地尝试，你就有可能在场上遭受攻击。不管你的舞台是政界还是家长教师组织（PTO），也不管你的无畏挑战是在学校的时事通讯上发表一篇文章、一次职位晋升，还是在 Etsy[①]网站上卖一件陶器，在结束之前，你都会受到冷嘲热讽和批评，甚至可能还会招致一些明显的恶意。为什么会这样？因为冷嘲热讽、批评指责、冷漠无情和刻薄伤人甚至比武器都好用——它们可以被制成武器，不仅可以让你远离脆弱，还可以伤害那些脆弱的人，让对方感到不舒服。

如果我们是那种"不表现出脆弱"的人，那么就没有什么比

[①] 一个网络交易平台，以手工艺成品买卖为主要特色，曾被《纽约时报》拿来和 eBay、Amazon 比较，被誉为"祖母的地下室收藏"。——译者注

看到一个无畏挑战的人更能让我们感到威胁，从而激起我们的攻击性和羞耻感了。**别人的无畏为我们提供了一面令人不舒服的镜子，从中我们看到了自己对于展现自我、创新和让别人看到自己的恐惧。这就是我们要互相攻击的原因。**如果我们看到了人性的残忍，脆弱很可能就是驱动因素。

我所说的批评，并不是指对贡献的价值或重要性的有成效的反馈、争论和意见分歧。我指的是恶意诋毁、人身攻击，以及未经证实的对我们的动机和意图的恶意猜测。

我说的冷嘲热讽，指的不是正常而合理的怀疑和质疑，而是条件反射式的冷嘲热讽。这种冷嘲热讽会导致无须动脑思考的反应，比如"那太愚蠢了"或者"那真是个失败的想法"。**冷漠无情是冷嘲热讽最猖獗的形式之一。**"怎么都行。""太扯淡了。""不可理喻。""谁在乎？"在有些人看来，热情和投入几乎成了轻信的标志，过于热情或过于投入都会让你变得"差劲"——这个词在我们家是被禁用的，其他禁用词还有"失败者"和"笨蛋"。

在这一章的导言中，我谈到了青春期是"武器库竞赛"的起点。冷嘲热讽和冷漠无情是初中和高中的流行趋势。在我女儿所在的中学，每个学生每天都穿着连帽衫（即使室外温度高达35摄氏度）。连帽衫不仅是酷炫配饰中的极品，保护着他们的脆弱，而且我敢肯定，孩子们会把它们当成隐形衣。他们穿上连帽衫后真的隐形了。**这是孩子们的一种隐身方式。**他们拉起帽子，把手藏在口袋里，尖叫着"你们看不到我了"。酷到让人无法接近。

作为成年人，我们也会用冷漠来保护自己远离脆弱。我们担心别人会觉得我们笑得太大声、做事太投入、太操心、太急切。我们不常穿连帽衫，但我们会用我们的头衔、学历、背景和职位，作为我们抵御批评、冷嘲热讽、冷漠无情和刻薄的盾牌上的手柄：我可以这样和你说话，也可以因为我的身份或者我的职业而把你打发走。毫无疑问，一旦我们需要用到这个盾牌，手柄也会不符合常规且拒绝传统标记：我之所以解雇你，是因为你已经没有价值了，你一辈子都待在小隔间里；或者我更有价值、更有趣，是因为我拒绝了高等教育、传统就业等种种束缚。

应对策略：练习"走钢索"，培养羞耻感复原力，营造"安全网"

在一年的时间里，我采访了艺术家、作家、创新者、企业家、神职人员和社区领导，与他们讨论了这些问题，以及他们是如何在过滤掉刻薄言论的同时，对建设性的批评（尽管很难听到）保持开放态度的。说白了，我就是想知道他们是如何保持勇气，继续走进竞技场的。我承认，我的动机就是为了学习如何保持勇气。

当我们不再关心别人的想法时，我们就失去了联结的能力。当我们被人们的想法左右时，我们就失去了脆弱的意愿。如果我们对所有的批评都不理会，我们就失去了重要的反馈，但是如果我们让自己屈从于恶意的批评，我们的精神就会崩溃。这是一条钢索，羞耻感复原力就是平衡杆，下面的安全网是我们生活中的一两个人，他们可以帮助我们核实批评和冷嘲热讽是否有根有据。

我非常重视直观感受，所以，我在桌子上方挂了一张照片，照片上是一个正在走钢索的人。我想以此来提醒自己：在努力保持开放心态的同时也要保持界限，这种做法值得我为之冒险并付出精力。我用记号笔在照片中的平衡杆上写下"**自我价值是我与生俱来的权利**"。这句话不仅能提醒我练习羞耻感复原力，也是我的精神信仰的试金石。如果我觉得自己比平时更暴躁的话，就会在走钢索的照片下面贴上一张小便笺，上面写着"残暴是廉价的，是容易的，也是没用的"。这也是我的精神信仰的试金石。

我的某些受访者过去曾用批评和冷嘲热讽来保护自己远离脆弱，在分享自己是如何向全心投入转变时，他们表现出了非常强大的智慧。他们中有许多人说，他们是跟随着有这种行为的父母长大的，直到他们开始研究自己对脆弱、尝试新事物和投入的恐惧时，他们才意识到自己早已效仿了这种行为。这些人不是以贬低他人为乐的利己主义者。事实上，他们对自己总是要比对别人更严苛。因此，他们的不怀好意并不只是向外的，尽管他们承认自己经常这么做以减轻自我怀疑。

西奥多·罗斯福有关"无所畏惧"的演讲中的第一句话说："重要的从来不是那些批评者。"对于我采访过的那些把自己定义为"批评者"的男男女女来说，"不重要"是肯定会感觉到的。他们常常感到自己在生活中被忽视。批评是一种被倾听的方式。当我问他们如何从恶意的批评转变为建设性的批评，以及如何从冷嘲热讽转变为出谋划策时，他们向我描述了一个可以证明羞耻感复原力的过程：了解是什么引发了他们的攻击，这对他们的自我价值感意味着什么，与他们信任的人讨论自我价值感，并询问自己真正需要什么。他们中有许多人都不得不深入研究有关"酷"的问题。**被认为很酷是如何成为一种价值驱动力的？假装什么都不重要的代价又是什么？**

对脆弱的恐惧会让我们释放出所有的冷漠无情、批评指责和冷嘲热讽。而确保我们敢对自己所说的话负责，是我们检验自己意图的一种方式。请尝试着在网上发布评论后勇敢地署上你的名字。如果你觉得署名让你不舒服，那就不要发表评论。如果你正好看到这里，而且你对允许评论的网站有控制权，那么你就应该大胆地让用户登录并使用真实姓名，并让论坛负责营造出尊重他人的氛围。

除了练习"走钢索"、培养羞耻感复原力，以及在感觉受到攻击或伤害时营造一个支持我的安全网，我还采取了另外两项策略。第一种很简单：我只接受并关注来自同样身处竞技场的人的反馈。如果你在回应时偶尔会被人攻击，如果你还在思考如何在不受侮辱的情况下接受反馈，那么你对我的工作的看法会得到我更多的关注。另外，如果你没有帮助过别人、没有做出过贡献，或者没有和你自己的小魔怪做过斗争，那么我对你的评论一点也不感兴趣。

第二种策略也很简单。我在皮夹里放了一张小纸条，上面写着几个人的名字，我很重视他们对我的评价。若想榜上有名，你必须喜欢我的优点和我内心的挣扎。你得知道，我一直在努力做到全心投入，但我还是会骂人，不会向权威低头，我的iPod平板上会同时播放劳伦斯·威尔克（Lawrence Welk）和金属乐队（Metallica）的歌。你得知道我一点都不酷，你得尊重这样的我。电影《几近成名》（*Almost Famous*）中有一句台词说得好：**"在这个破产的世界里，唯一真正的货币是你在不酷的时候和别人分享的东西。"**

要进入我的名单，你必须成为我所说的"有拉伸标记的朋友"——我们之间的联系被拉伸得如此之深，以至它已经成了我们身体的一部分，成了我们的第二层皮肤，还有一些伤疤可以证明这一点。我们在彼此面前不必"装酷"。我认为每个人的名单里这样的朋友最多也就一两个。重要的是，不要为了得到那些刻薄、阴险或"太酷"的陌生人的认可而忽视那些"有拉伸标记的朋友"。没有什么比我的朋友斯科特·斯特莱登（Scott Stratten）——《强关系》（*UnMarketing*）的作者——的不朽名言更能提醒我们这一点了，这句名言是这样说的："不要试图赢过键盘侠，因为你不是那种搬弄是非的小人。"

CHAPTER

5

小心间隙：
弥合疏离的鸿沟

"小心间隙"（Minding the Gap）是一种无畏策略。我们必须留意当下的站立处和目标地之间的距离。更重要的是，我们必须践行我们的文化中那些同样重要的价值观。"小心间隙"不仅需要我们接受自身的脆弱，也需要我们培养羞耻感复原力——我们将被要求以全新的、舒服圈外的方式，以领导者、家长和教育者的身份出现。我们不必追求完美，只需投入其中，让自己的行为遵循自己的价值观。

"小心间隙"（Minding the Gap）一词最早出现在1969年的伦敦地铁上，作为警示语，提醒乘客小心车门和站台之间的缝隙。从那以后，它就成了一支乐队和一部电影的名字，从T恤衫到门垫，这个短语无处不在。我们家挂有一个相框，里面是一张写着"小心间隙"的明信片，时刻提醒我们当下的站立处和目标地之间的距离。下面先听我解释一下。

战略VS文化

在商界，关于战略和文化之间的关系，以及两者的相对重要性，一直存在争议。至于两者的定义，在我看来，战略就是"方案策略"，或者是对"我们想实现什么目标，我们将如何实现目标"这个问题的详细回答。我们所有人——家庭、宗教团体、项目团队、幼儿园教师——都有方案策略。我们都在思考我们想实现的目标，以及需要采取哪些步骤才能取得成功。

文化更关注我们是谁，而不是我们想实现什么。文化的定义有很多，其中不乏晦涩难懂的，比如读本科时社会学教科书里的文化定义就让我颇为沮丧，最能引起我共鸣的是最简单的定义。

正如组织发展先驱泰伦斯·迪尔（Terrence Deal）和艾伦·肯尼迪（Allan Kennedy）解释的那样："文化是我们做事的方式。"我喜欢这个定义，因为它适用于所有关于文化的讨论——适用于我在第一章提到的更广义上的"匮乏文化"，适用于特定的企业文化，也适用于定义我们的家庭文化。

在我与领导者的每一次谈话中，都会出现某种形式的关于战略或文化哪个更重要的争论。一些人赞同通常被认为是思想领袖的彼得·德鲁克（Peter Drucker）的名言："文化能把战略当早餐吃。"另一些人则认为，让一方与另一方对立会产生一种错误的二分法，我们需要两者兼得。有趣的是，我还没有找到有力论据来证明战略比文化更重要。我认为每个人至少在理论上都同意"我们是谁"和"我们想实现什么"一样重要。

虽然有些人抱怨这场争论太过老套，太过于纠结"先有鸡还是先有蛋"，对解决问题毫无帮助，但我认为这对于组织或团体来说是一场至关重要的讨论。也许更重要的是，我认为研究这些问题可以改变家庭、学校和社区。

"我们做事的方式"或者说文化，是复杂的。根据我的经验，我可以通过以下十个问题透彻了解一个群体、家庭或企业的文化和价值观：

1. 什么行为会得到奖励？什么行为会受到惩罚？
2. 人们在哪里以及如何使用他们的资源（时间、金钱、注意力)？

3. 哪些规则和期望是要遵守的、强制执行的和被忽略的？
4. 人们在谈论自己的感受、询问自己需要什么时是否感到安全、受到支持？
5. 什么是神圣不可置疑的事物？谁最有可能推翻这些事物？又是谁会帮助这些事物重新变得不可置疑？
6. 什么故事是传奇故事，它们传达了什么价值观？
7. 当有人失败、失望或犯错时会发生什么？
8. 如何感知脆弱（不确定性、风险和袒露情绪）？
9. 羞辱和责备有多普遍？它们是如何出现的？
10. 对不适的集体容忍度是多少？学习、尝试新事物、给予和接受反馈的不适感是正常的吗？还是对舒适感要求很高（这看起来怎么样）？

在接下来的每一节中，我将讨论这些在我们的生活中是如何发生的，以及我特意寻找的是什么，但我想先谈谈这些问题将把我们引向何方。

作为一个从整体上研究文化的人，我认为这些问题的力量在于它们能够揭示我们生活中最黑暗的领域：关系的疏离、与社会的脱节，以及我们为自身价值而进行的挣扎。这些问题不仅有助于我们理解文化，而且暴露了"我们说什么"和"我们做什么"

之间的差异，以及我们信奉的价值观与践行的价值观之间的差异。我亲爱的朋友查尔斯·基利（Charles Kiley）用"理想价值观"一词来描述那些难以捉摸的价值观，它们存在于我们最美好的愿望中，挂在我们办公室隔间的墙上，出现在我们的育儿讲座的核心理念里，或者存在于我们公司的愿景声明中。如果我们想把这些问题清除并制定转型战略，我们的理想价值观必定会与我所说的践行价值观——我们实际的生活方式、感受方式、行为方式和思考方式——相冲突。我们能做到言行一致吗？回答这个问题可能会让人很不舒服。

疏离的鸿沟

我的理论是，"疏离"是我在家庭、学校、社区和企业中看到的大多数问题的根源，它有多种形式，包括我们在"武器库"一章中讨论过的那些形式。我们疏远他人是为了保护自己远离脆弱、羞耻感、迷惘和缺乏目标。当我们觉得领导我们的人——我们的老板、老师、校长、牧师、父母、政客——没有履行社会契约时，我们也会断绝自己与他们的关系。

政治是"社会契约疏离"（social contract disengagement）的一个极好的例子，尽管它会带来痛苦。两党的政客们都在制定他们不需要遵守或不会影响他们的法律，他们的行为会导致我们大多数人被解雇、离婚或被捕。他们信奉的价值观很少在他们的行为中表现出来。看着他们互相羞辱和指责，我们觉得很丢脸。他们没有履行他们在社会契约中的义务，选民投票统计数据显示我们正在疏远政治。

宗教是"社会契约疏离"的另一个例子。首先，宗教中的"疏离"往往是宗教领袖没有恪守他们所宣扬的价值观的结果。其次，在动荡的世界里，我们常常渴望绝对真理。这是人类对恐惧的反应。如果宗教领袖利用我们的恐惧和对更多确定性的需求，从灵性中提取脆弱，将信仰转变为"顺从和后果"，而不是为我们教导和示范如何与未知斗争、如何接受未解之谜，这时信仰就会自行破产。信仰减去脆弱等于政治，或者更糟，等于极端主义。**情感联结和投入不是建立在顺从的基础上的，它是爱、归属感和脆弱的产物。**

这里有一个问题：我们没有刻意制造家庭、学校、社群和企业中那些助长"疏离"的文化，那么它是如何产生的呢？鸿沟又在哪里呢？

鸿沟从这里产生：我们无法给别人我们没有的东西，我们是谁比我们知道什么或我们想成为什么样的人更重要。

我们**践行的价值观**（我们实际在做什么、思考什么、感受什么）和我们**理想中的价值观**（我们希望自己能做什么、思考什么、感受什么）之间的差距就是价值鸿沟，或者我所说的"疏离的鸿沟"。那是我们失去员工、客户、学生、老师、教会会众，甚至孩子的地方。我们有时可以大步跨过去——我们甚至可以跨越我们在家庭中、工作场所和学校面临的不断扩大的价值鸿沟——但在某个时刻，当鸿沟扩大到一定程度时，我们就完蛋了。这就是为什么非人性化的文化会助长最严重程度的"疏离"——它们造成的价值鸿沟是人类即使再努力也无法成功跨越的。

下面我们来看看家庭中出现的一些常见问题。我以家庭为例是因为我们都是家庭的一分子。即使我们没有孩子，我们也是由成年人抚养长大的。在每一个案例中，我们实际践行的价值观和理想的价值观之间都产生了巨大的鸿沟，造成了危险的"**疏离**"。

1. 理想的价值观：诚实和正直
   践行的价值观：合理化，顺其自然

妈妈总是告诉孩子，诚实和正直是很重要的，偷窃和作弊是不能容忍的。有一次，他们在杂货超市逛了很久，回到车里时妈妈才发现收银员没有向她收取放在购物车底部的苏打水的费用。她没有回到店里，而是耸了耸肩说："这不是我的错。不管怎样，他们正在赚大钱。"

2. 理想的价值观：尊重和责任
   践行的价值观：快速和简单更重要

爸爸总是强调尊重和责任的重要性，但是在鲍比故意弄坏萨米的新变形金刚时，爸爸正忙着玩手机，没有时间坐下来和兄弟俩探讨他们应该如何对待彼此的玩具。他没有坚持让鲍比向萨米道歉并做出补偿，而是耸耸肩，心想男孩子难免淘气，没什么奇怪的，然后就让他们俩回自己的房间去了。

3. 理想的价值观：感激和尊重
践行的价值观：取笑、想当然、不尊重

父母总是觉得自己被轻视了，他们厌倦了孩子们的无礼态度。但是，父母会对着对方大吼大叫，甚至对骂。家里没有人说"请"或"谢谢"，包括父母。此外，父母不仅对孩子说伤人的话，他们彼此之间也互相贬低，每个人都经常把家人惹得想哭。可问题是，父母还希望能在孩子身上发现孩子无从模仿的行为、情感和思维模式。

4. 理想的价值观：设定界限
践行的价值观：叛逆和冷漠很酷

朱莉十七岁，她的弟弟奥斯汀十四岁。朱莉和奥斯汀的父母对香烟、酒精和毒品实行零容忍政策。可惜，这项政策并不奏效，两个孩子都吸烟。朱莉刚刚被停课，因为老师在她带到学校的水壶里发现了伏特加。朱莉看着她的父母尖叫道："你们真虚伪！你们高中时还经常举办狂野派对呢，这

怎么解释？还有妈妈进监狱那一次呢？你们当时告诉我们，你们都觉得这很好玩！你们甚至还给我们看了照片！"

现在，让我们来看看理想的价值观和实际践行的价值观一致时的威力：

> **理想的价值观：情感联结和尊重**
> **践行的价值观：情感联结和尊重**
> 爸爸妈妈试图在家里培养并树立一种"情感至上"的道德观。有一天晚上，亨特打完篮球回到家时看上去很沮丧。他的高二生活过得不如意，篮球教练对他很严厉。他把书包往厨房的地上一扔，径直朝楼上走去。爸爸妈妈正在厨房做晚饭，他们看着亨特走进了自己的房间。爸爸关掉了炉子，妈妈告诉亨特的弟弟，他们要和亨特谈谈，让他不要打扰。爸爸妈妈一起上楼，坐在亨特的床边。爸爸对他说："我和你妈妈都知道你这几个礼拜过得很辛苦。我们不知道你的切身感受，但我们很想知道。高中生活对我们俩来说也挺艰难的，我们想陪你一起度过这段日子。"

这个例子很好地说明了我们该如何小心鸿沟和培养投入精神！在采访中，这位父亲告诉我，孩子的高中生活让他们全都感到非常脆弱，孩子毕业时他们都哭了。他说，和儿子一起分享他自己高中时的艰难日子真的拉近了他们父子之间的关系。

我想强调的是，这些例子并不是虚构的，它们都来自真实的案例。我们不可能一直都做到尽善尽美。我知道我做不到。但当我们践行的价值观与我们在特定文化中设定的期望经常发生冲突时，"疏离"就无法避免。如果妈妈在逛完杂货超市后筋疲力尽，有个东西没付钱就开车走了，似乎也没什么大不了。如果她把"我可以逃脱惩罚，这不是我的错"作为自己的行为准则，那她就需要调整自己对孩子的期望。如果她不付钱就开车走了，但后来她让孩子坐下来，并说："我应该回去付苏打水的钱。是谁的错并不重要。我今天要回店里去。"——嗯，那就太强大了。这个案例给我们的教训是"我确实想按照我的价值观生活，不完美和错误是可以接受的。我们只需要在力所能及的时候把事情做好"。

伏特加的例子反映了我经常从父母那里听到的一种常见的挣扎。"我很疯狂，"他们说，"我做过一些我不想让我的孩子做的事情。我该为我的越轨行为撒谎吗？"作为一个曾经疯狂的人，我认为问题不在于是否要说谎，而在于我们分享什么以及如何分享。首先，并不是我们曾经做过或现在在做的每件事都与孩子有关。这就好比，孩子成年后，他们做的每件事也并不都与我们有关。因此，我们应该研究的是自己分享这个故事的动机，并使其传达的内容与我们的决定相一致。其次，和我们的孩子开诚布公地谈谈毒品和酒精，说说我们在这两个方面的经历，可能会有所帮助。但是,如果将我们的麻木或狂欢经历描述为很酷的打斗故事,并把重点放在叛逆行为上,那么,我们传达的价值观最终可能会与我们希望孩子养成的价值观相悖。

还记得关于文化和战略的争论吗?我认为这两者都很重要,我们需要用无畏挑战的策略来发展无所畏惧的文化。正如这些理想的价值观和实际践行的价值观的例子所展现的,如果我们想重新建立联系,重新投入,就必须"小心间隙"。

"小心间隙"是一种无畏策略。我们必须留意当下的站立处和目标地之间的距离。更重要的是,我们必须践行我们的文化中那些同样重要的价值观。"小心间隙"不仅需要我们接受自身的脆弱,也需要我们培养羞耻感复原力——我们将被要求以全新的、舒服圈外的方式,以领导者、家长和教育者的身份出现。我们不必追求完美,只需投入其中,让自己的行为遵循自己的价值观。我们还需要做些心理准备:小魔怪会倾巢出动,因为它们喜欢在我们即将踏入竞技场、展现脆弱的时候偷偷溜出来,并伺机行动。

在接下来的两章中,我将使用我在这里介绍的概念,直入主题,告诉你在培养投入精神和改变我们的育儿方式、教育方式及领导方式时我们需要做些什么。以下三个问题将引出接下来的章节:

1. "永远不够"的文化如何影响我们的学校、企业和家庭？

2. 我们如何认识和克服工作、学校和家庭中的羞耻感？

3. 在学校、企业和家庭中，如何关注鸿沟并做到无所畏惧？

CHAPTER 6

破坏性投入：
敢于将教育和职场重新人性化

为了重新激发创造力、革新力和学习热情，领导者必须使教育和工作重新人性化。这意味着我们要了解匮乏感是如何影响我们的领导和工作方式的，学习如何应对脆弱，认识羞耻感并与之做斗争。毫无疑问，开诚布公地谈论脆弱和羞耻感会带来分裂。我们在组织中没有进行这些对话的原因是，它们只在黑暗的角落里发光。一旦我们把它们说出来或意识到并理解了它们，再想反悔几乎是不可能的，并且会带来严重的后果。我们都想变得无所畏惧。如果你让我们瞥见这种可能性，我们就会把它作为我们的愿景。谁也拿不走它。

在开始这一章之前,我想澄清一下我所说的"领导者"是什么意思。我相信,领导者是那些负责在人员和事物的发展中发现潜能的人。领导者一词与职位、地位或下属人数无关。这一章是为我们所有人而写的,无论你是父母、教师、社区志愿者,还是首席执行官,只要你愿意勇敢尝试并敢于担当领导者。

在"永远不够"的文化中领导者所面临的挑战

2010年,我有机会与来自硅谷的50位首席执行官共度了一个漫长的周末。会上的另一位发言者是当时担任希尔利斯材料公司[①]首席执行官的凯文·苏拉斯(Kevin Surace),他还是《公司》(*Inc.*)杂志2009年评出的年度企业家。我知道凯文要讲的是破坏性创新,所以,在小组讨论之前,在他了解我的工作之前,我在一次交谈中向他提出了这个问题:创造和创新的最大障碍是什么?

凯文想了一会儿,说:"我不知道该怎么称呼这个障碍,但说

[①] 希尔利斯材料公司(Serious Materials)是美国一家绿色建筑技术公司,总部位于加州森尼维尔市。——译者注

实话，这个障碍就是害怕提出新想法，害怕被奚落、被嘲笑、被轻视。如果你接受了这样的经历，并一直深陷其中，就会恐惧失败和犯错。问题在于，创新的想法听起来往往都很疯狂，而失败和学习是革命性剧变的组成部分。逐步发展和渐进式变革也很重要，但我们迫切需要的是真正的革命，这需要非凡的勇气和创造力。"

在那次谈话之前，我从未具体问过我采访过的领导者有关创新的问题，但是凯文所说的一切都与我在工作和教育方面得出的数据相符。我笑了笑，回答说："这是真的，不是吗？大多数人和大多数组织都无法忍受真正的创新带来的不确定性和风险。学习和创新本身就是脆弱的，从来就没有足够的确定性。人们却想得到保证。"

他只是说："是的。我也不确定该怎么称呼这个问题，但与恐惧相关的东西阻止人们去追寻它。人们专注于自己已经做得很好的事情，而不敢尝试做些别的。"我们的谈话稍停了一下，然后他看着我说："那么，我知道你是搞研究工作的了。你具体是做什么的？"

我咯咯地笑了，告诉他："我研究的是和恐惧有关的东西，我是一名羞耻感和脆弱研究员。"

回到酒店后，我在研究日志里记下了这次对话。说到恐惧，我想起了日志上的另一组笔记。那是我和一群中学生谈论他们的课堂经历时所做的现场笔记。当时我要求他们描述学习的关键所在，一个女孩给出了如下的回答，而其他人则激动地频频点头：

有时候你可以提问或对某些观点提出质疑，但如果老师不喜欢你的问题，或班上同学取笑那样做的人，那就太糟糕了。我想大多数人都知道，最好的做法是低下脑袋，闭上嘴巴，考个好成绩。

重读笔记中的这段话，让我想起了与凯文的对话，我有些不知所措。作为一名老师，我感到心痛——低下头，闭上嘴，那要怎么学习？作为家有初中生和幼童的母亲，我感到非常愤怒。作为一名研究人员，我开始意识到，我们的教育体系所处的困境和我们的职场所面临的挑战经常相互映射。

我最初认为这是两场毫不相干的讨论——一场针对的是教育者，另一场针对的是领导者。但在回顾这些数据时，我意识到老师和学校管理者其实都是领导者。而首席高管、经理和主管也都可以被称为老师。没有创造力、革新力和学习氛围，任何企业或学校都无法前进和发展，而这三者面临的最大威胁就是"疏离"。

考虑到我在研究过程中的收获，以及我在过去几年中与各种规模和类型的学校和企业的领导共事时观察到的情况，我认为我们必须重新彻底地审视"投入"的概念。**出于这个原因，我称之为"破坏性投入"**。为了重新激发创造力、革新力和学习热情，领导者必须使教育和工作重新人性化。这意味着我们要了解匮乏感是如何影响我们的领导和工作方式的，学习如何应对脆弱，认识羞耻感并之与做斗争。

肯·罗宾逊爵士在呼吁各国领导人抛弃那种认为人类组织应该像机器一样运转的过时观念时谈到了这种转变的力量，他使用了一个能精确反映人性的比喻。他在《让思维自由》（*Out of Our Minds: Learning to be Creative*）一书中写道："无论机器的比喻对工业生产的吸引力有多强，人类组织其实并不是机器，人也不是其中的组成部分。人有价值观、情感、知觉、看法、积极性和自己的传记，而齿轮和链轮没有。一个组织不是其中运作的实体设施，而是其中的人际网络。"

毫无疑问，将工作和教育重新人性化需要有魄力的领导层。开诚布公地谈论脆弱和羞耻感会带来具有破坏性的影响。我们在组织中没有进行这些对话的原因是，它们只在黑暗的角落里发光。一旦我们把它们说出来或意识到并理解了它们，再想反悔几乎是不可能的，并且会带来严重的后果。我们都想变得无所畏惧。如果你让我们瞥见这种可能性，我们就会把它作为我们的愿景。谁也拿不走它。

承认并克服羞耻感

羞耻感会助长恐惧。它粉碎了我们对脆弱的容忍，从而扼杀了投入、革新力、创造力、生产力和信任。最糟的是，如果我们不知道自己在寻找什么，那在发现问题的迹象之前，羞耻感就会摧毁我们的组织。羞耻感就像房子里的白蚁。它躲在墙后的暗处，不断侵蚀着房子的基础结构，直到某一天楼梯突然坍塌。只有到那时，我们才会意识到墙的倒塌只是时间问题。

就像在家里随便走走发现不了白蚁问题一样，在办公室或学校闲逛也不一定会发现羞耻感问题。或者说，至少我们希望它不是那么明显。如果我们看到某个经理在斥责某个员工，或某个老师在羞辱某个学生，那问题就已经很严重了，而且很可能已经发生了很长一段时间。大多数情况下，在评估一个组织是否存在羞耻感问题时，我们必须知道我们在寻找什么。

羞耻感已渗入文化中的迹象

责备、八卦、偏袒、辱骂和骚扰都是羞耻感已经渗入我们的文化中的行为暗示。当羞耻感完全成了一种管理工具时，这种迹象更为明显。领导者欺负别人，当着同事的面批评下属，当众谴责别人，或者设立故意贬低别人、羞辱别人、让别人丢脸的奖励机制等行为，有没有明显的迹象呢？

我从来没有遇到过与羞耻感绝缘的学校或组织。我不是说这样的学校或组织不存在，我只是对此表示怀疑。实际情况是，在

CHAPTER 6
破坏性投入：敢于将教育和职场重新人性化

我解释了羞耻感发挥作用的方式之后，总会有一两个老师来找我，告诉我他们每天都会用到这种方式。大多数老师都会问我该如何改变这种做法，但也有少数几个老师会自豪地说"这种方式很有效"。最好的情况是，这种问题只是一个较轻微的或被有效控制的问题，而不是一种文化规范。我之所以相信学校里存在羞耻感问题，其中一个原因是，在我们为研究羞耻感而采访的男性和女性中，85%的人都能回忆起他们童年在学校的一次羞耻经历，那改变了他们对自己作为学生的看法。更让人揪心的是，这些回忆中大约有一半是我所说的**"创造性创伤"**（creativity scars）：受访者指出某个特定事件，在这一事件中，他们被告知或被证明自己不是当作家、艺术家、音乐家、舞蹈家的料，也不适合从事其他的创意工作。我发现这种事情在学校几乎天天发生。我们以狭隘的标准为艺术打分，但孩子从念幼儿园开始就被告知有创意天赋。这就很好地解释了为什么一谈到创造和创新能力，小魔怪的破坏力就特别强大。

企业也有自己的难处。美国职场欺凌协会（WBI[①]）将欺凌定义为"反复出现的不当对待：阻止他人完成工作、口头谩骂、威胁、恐吓、羞辱等恶意破坏行为"。美国民调机构佐格比公司2010年为美国职场欺凌协会进行的一项民意调查显示，估计有5400万美国工人（占美国劳动力的37%）在工作中受到过欺

[①] 职场欺凌研究所：http://www.workplacebullying.org/wbiresearch/2010-wbi-national-survey/

凌。此外，WBI的另一份报告显示，在欺凌行为发生时，雇主基本上不采取任何措施来制止的概率高达52.5%。

当看到羞耻感被用作一种管理工具（再次强调，这里指的是欺凌、当着同事的面批评下属、当众谴责别人，或者设置故意贬低他人的奖励机制）时，我们需要直接采取行动，因为情况已迫在眉睫。我们需要记住的是，这不是一夜之间发生的。同样重要的是，要记住，羞耻感（shame）给人的感觉就像其他以"sh"开头的词一样，比如狗屎（shit）、倒霉（shame rolls downhill）。如果下属总是不得不面对羞耻感，他们肯定会把羞耻感传递给他们的客户、学生和家人。

因此，如果羞耻感正在发生，并且就发生在特定的单位、工作团队或个人身上，那么它必须立即得到解决。我们在各自的原生家庭认识了羞耻感，许多人在成长过程中相信，这是一种高效的管理他人、学生和子女的方式。出于这个原因，羞辱那些利用羞耻感管理和领导他人的人是没有用的。但什么都不做同样危险，不仅对那些受到羞辱的人来说如此，对其所在的整个组织或团队也是如此。

几年前，在一次活动结束后，有位男士走过来对我说："请采访我！拜托了！我是个财务顾问，我想告诉你办公室里发生的事，你肯定不敢相信这是真的。"这位男士叫唐，我采访了他。他告诉我，在他的公司，每个季度员工都要根据季度业绩来挑选办公室：业绩最好的员工优先选择办公室，然后让坐在那个办公室里的员工打包走人。

唐摇了摇头,声音有些嘶哑,他说:"过去六个季度我的业绩是最好的,你可能以为我喜欢这样。其实,我并不喜欢。我非常讨厌这种做法。这样的环境真是糟透了。"接着,他告诉我,上个季度的业绩公布后,老板走进他的办公室,关上门告诉他,他必须腾出办公室。

"一开始我以为是我的业绩下滑了。但老板告诉我,他不在乎我的业绩是不是最好,也不在乎我是不是喜欢这间办公室,他这么做是为了吓唬其他员工。他说:'当众给他们难堪可以塑造性格。这是一种激励手段。'"

采访结束前,他告诉我他正在找工作。他说:"我很适合做这个工作,甚至也很喜欢,但我不想去吓唬别人。我从来都不知道为什么会有这么糟糕的感觉,但听了你的演讲后,我明白了。这就是羞耻的感觉。这比高中那会儿还要难挨。我要找个更好的地方工作,以后我一定会带上我的客户去听你的演讲。"

在《我已经够好了》(*I Thought It Was Just Me*)一书中,我讲述了西尔维娅的故事。她三十多岁,是一名活动策划人。她在采访开头就说:"我真希望你六个月前来采访我。那时的我跟现在的我判若两人。那时候我被羞耻感折磨得无法自拔。"我问她这是什么意思。她解释说,她从一个朋友那里听说了我的研究课题,并自愿接受采访,因为她觉得自己的生活因羞耻感而改变了。最近,当她发现自己在职场中被列入"失败者名单"时，她陷入了绝望。

据说，她不久前第一次在工作上犯了个严重的错误，而在此之前的两年时间里，雇主一直称赞其工作"出色、卓越"。这个错误使她的公司损失了一个大客户。老板做出了反应，把她列入了"失败者名单"。她说："还不到一分钟，我就从成功者变成了失败者。"西尔维娅提到"失败者名单"时，我想我一定吓了一跳，因为我一句话都没说，只听见她说："我知道，这太可怕了。老板的办公室外面有两个大白板。一个白板上是成功者名单，另一个上面是失败者名单。"她说，几个星期以来，她几乎无法正常工作。她失去了信心，开始不干活了。羞耻感、焦虑和恐惧占据了上风。挨过难熬的三个星期后，她辞掉了工作，跳槽去了另一家公司。

在任何体系中，羞耻感最终都只会让人抽离情感以求自保。当我们抽离时，就不会想表现自己，不会想做出贡献，不会再去关心别人。最极端的抽离会让人们将包括说谎、偷窃和欺骗在内的各种不道德的行为合理化。以唐和西尔维娅为例，他们不只是抽离，他们辞职了，怀揣才华去了竞争对手那里。

在我们评估某个公司是否有利用羞耻感进行管理的迹象时，也要注意外部威胁——公司外部的力量正在影响领导者和员工对工作的看法。作为一名教师、两名公立学校教师的妹妹以及一名公立高中副校长的嫂子，我并不需要四处去搜罗这类例子。

几年前，我姐姐艾希莉哭着给我打了个电话。我问她出了什么事，她告诉我《休斯敦纪事报》公布了休斯敦独立学区每一位教师的名字，以及他们根据学生的标准化考试成绩获得的奖金。那天我没有看报纸，听到这个消息我惊呆了。同时我也很困惑。

"艾希莉，你在幼儿园教书，你的学生不用参加考试。你的名字也在上面吗？"

艾希莉解释说她的名字确实在上面，报上说她得到的奖金是最低的。但报上没有写的是，她的奖金已经是幼儿园教师能得到的最高奖金了。想象一下这种做法——向其他行业的人通报某个行业所有人员的薪水或奖金，而且报道得还不准确。

"这种羞耻感简直让我崩溃，"艾希莉一边说一边还在抽泣，"我一直想做的就是当一名教师。我拼命工作。我向家里的每个人都要过钱，这样我就可以买些学习用品送给那些家境不好的孩子。我放学后留下来帮家长照顾他们的孩子。我不明白，报纸上登这些是什么意思。像我这样的老师有成百上千个，可是你在报纸上看到过这些报道吗？根本没有。这件事不只跟我一个人有关。我认识的几个最优秀的老师，他们自愿去教那些最难教的学生，根本没有考虑过这样做会影响他们的绩效或奖金。他们这样做是因为他们热爱自己的工作，对孩子们充满信心。"

遗憾的是，"登报公示"这种对教师进行评价的做法不仅仅出现在得克萨斯州，它已经成了全国范围内的一种公认做法。所幸，人们终于敢大胆站出来发声了。针对纽约州上诉法院做出的教师的个人绩效评估可以公开的裁决，比尔·盖茨在《纽约时报》的一篇专栏文章中写道："开发一种帮助教师自我提升的系统化的方法，是当今教育领域最有力的理念。而要削弱它，最有效的方法是把它扭曲成一种反复无常的公开羞辱行为。我们还是把精力放在创建一个真正有助于教师自我提升的人事制度上吧。"

我把盖茨的评论贴在了我的脸书页面上，许多老师都留下了评论。一位老教师的评论让我非常感动，他/她是这样写的：

"**对我来说，选择教书是出于爱。它不是传递信息，而是营造一种充满神秘、想象和发现的氛围。当我开始因为一些无法缓解的痛苦、恐惧或强烈的羞耻感而迷失自我时，我就不再教书了……我只会传递信息，我觉得自己已变得无关紧要。**"

教师并不是唯一一个与组织外部（通常是在公共媒体上）给予他们的羞耻感做斗争的群体。在与那些经常被公众——律师、牙医和金融行业人士倒是为数不多——丑化、嫌恶或误会的专业人士交谈时，他们经常要求我解决这个问题。我们可能会翻着白眼，心想：我们就乐意讨厌他们！不过，根据我的经验，我可以告诉你，如果一个人仅仅因为做了对自己有意义的工作而遭到憎恨，这种滋味并不好受，还可能会给个人和社会文化造成严重的影响。

作为领导者，如果出现这种滥用媒体的现象，我们能做的最有效的事情就是大声疾呼，坚持准确性和问责制，并与受其影响的人一起正面对抗它。我们不能假装我们的员工没有受到伤害。**在个人层面上，我们可以抵制公众对某些职业的刻板印象，事实是，在这些职业中，人人都在顶着压力工作。**

推卸责任

这是思考羞耻感和责备的关系的最佳方式：如果把责备比作行车，羞耻感就是在保驾护航。在企业、学校和家庭中，责备和指责往往是羞辱的表现。羞耻感研究人员琼·坦尼（June Tangney）和朗达·迪林（Ronda Dearing）解释说，在被羞耻感束缚的人际关系中，人们会"仔细衡量、权衡并推卸责任"。他们写道："面对任何消极的结果，无论大或小，都必须找到对此负责的人或事（并追究其责任）。没有什么'过去的就让它过去'的说法。"他们接着说："毕竟，假设一定得有个人要对此担责的话，如果这个人不是我，那一定就是你！羞耻感来自责备，接着是伤害、否认、愤怒和报复。"

责备只是痛苦和不适的发泄。在感到不适、经历痛苦时，在感到脆弱、愤怒、受伤、羞耻、悲伤时，我们都会责备他人。责备没有任何作用，它通常表现为羞辱别人或者只是待人刻薄。如果责备是你所处的文化中的一种模式，那么羞耻感就需要被当作一个问题来解决。

掩盖问题

与责备相关的是掩盖问题。就像责备是"基于羞耻感的组织"的标志一样，掩盖问题的文化依赖羞耻感来让人们保持沉默。当某个组织的文化声称，保护组织和当权者的声誉比保护个人或所有成员的基本人格尊严更重要时，可以肯定，羞耻感已经发展为一种管理方式，金钱将驱动道德，问责制将不复存在。从公司、非营利组织、大学和政府，到教会、学校、家庭和体育协会，所有组织都是如此。你只需回想下任何被掩盖的重大事件，就会发现这种模式的存在。

在一个将尊重和个人尊严视为最高价值观的组织文化中，羞耻感和责备不会成为管理准则。在这种文化中，没有人会用恐吓的方法来实现管理，同理心是一种有价值的资产，问责制是一种期望，而不是特例，人类对归属感的原始需求并没有被当作杠杆和管理手段加以利用。 我们无法控制个人的行为，但是，我们可以培养组织文化，在这种文化中，不良行为是不被容忍的，人们负责保护最重要的——人性。

如果没有创造力、革新力和学习热情，我们就无法解决今天面临的复杂问题。我们不能让羞耻感话题引起的不适，妨碍我们在学校和职场中发觉它并与之斗争。以下是构建一个拥有羞耻感复原力的组织所需的四个最佳策略：

1. 支持那些愿意勇敢尝试、促进关于羞耻感的诚实对话、培养羞耻感复原力的领导者。
2. 认真了解羞耻感在组织中可能起到的作用，以及它如何悄悄影响我们与同事和学生的交往方式。
3. 常态化是培养羞耻感复原力的一种重要策略。领导者和管理者可以通过帮助人们了解应该期待什么来培养他们的投入精神。什么是共同的挣扎？其他人是如何对付它们的？你有什么经历？
4. 对所有员工进行培训，让他们认识到羞耻感和内疚之间的区别，并教会他们如何以一种能促进其成长并投入其中的方式给予和接受反馈。

利用反馈，关注鸿沟

"无所畏惧"的文化是一种诚实的、具有建设性和积极反馈的文化，在企业、学校和家庭中都是如此。我知道许多家庭都在探讨这个问题，不过，我惊讶地发现"缺乏反馈"也是专注于工作经历的访谈的主要关注点。今天的企业在绩效评估中非常看重指标，讽刺的是，给予、接收和征求有价值的反馈等行为已变得非常罕见。在依赖反馈来学习的学校里，这甚至也已成为一种罕见的现象，但反馈比写在试卷顶部的分数或电脑生成的标准化考试成绩要有效得多。

道理很简单：没有反馈，就没有变革。 如果我们不和下属谈论他们的长处和发展机会，他们就会开始质疑他们的贡献和我们的承诺，紧接着就该提出辞职了。

当我问人们为什么他们的企业和学校里会缺乏反馈时，虽然他们的说法不同，但有两点是一致的：

1. 我们不喜欢艰难的谈话。
2. 我们不知道如何以一种能推动人和事向前发展的方式给予和接收反馈。

好在这些问题都是可以解决的。如果一个组织把创建反馈文化作为优先考虑的对象并采取实际行动，而不是只将它当作一种理想的价值观，那么它就可以变成现实。人们渴望得到反馈——我们都想成长。我们只需学习如何以一种能够激励自我成长和投入的方式提供反馈。

从一开始我就相信，在那些目标不是"适应艰难的对话"，而是将不适感常态化的文化中，"反馈"很流行。如果领导者期望真正的学习、批判性思考和改变，那么不适感应该被常态化："我们相信成长和学习会带来不适，这是必然的——你肯定会有这种感觉。我们希望你知道这很正常，必然会发生。我们都有不适感，我们希望你放宽心，适应这种不适感。"这在所有阶层、所有企业、学校和宗教团体中都适用，甚至家庭也是如此。我在全心投入的企业中观察到了这种常态化的不适，我在课堂上以及和家人在一起时也体验过这种不适。

我通过深入阅读贝尔·胡克斯（Bell Hooks）和保罗·弗莱雷（Paulo Freire）等作家撰写的有关参与性和批判性教学法的书籍来学习如何教学。一开始，我被这种想法吓坏了：如果教育要发生变革，那将是不舒服和不可预测的。现在，当我开始自己在休斯敦大学的第十五年教学工作时，我总是告诉我的学生："**如果你觉得舒服，那我就不是在教书，你也不是在学习。学习就是会不舒服，这没关系。这很正常，这是学习过程的一部分。**"

要让人们知道不适感很正常，它必然会出现，以及它为什么出现、为什么很重要，这个简单而诚实的过程可以减轻焦虑、恐惧和羞耻感。一段时间的不适感是意料之中的，是一种常态。事实上，很多学期都有学生在课后找到我说："我还没有出现不适感。我很担心。"有了这样的交流，我们接下来常常会就他们的课堂参与度和我的教学情况展开认真的对话，提出非常重要的反馈。对领导者来说，最大的挑战是让我们的头脑和心灵认识到，我们需要培养接受不适感的勇气，并教会我们周围的人如何接受不适感，把它作为成长的一部分。

为了找到关于如何提供反馈以推动人和事向前发展的最佳指导，我转向社会基层工作寻找答案。根据我的经验，有价值的反馈的核心是采取"**优势视角**"。根据社会工作教育家丹尼斯·萨利贝（Dennis Saleebey）的观点，从优势视角来看待绩效可以为我们提供一个机会，一个根据我们的能力、天赋、技能、发展潜力、远见卓识、价值观和希望来审视我们的奋斗的机会。这种视角并没有忽视我们的奋斗的严肃性，但它确实需要我们把积极的品质视为潜在的资源。萨利贝博士提出："否认可能性和否认问题一样，都是错误的。"

了解长处的一个有效方法是研究长处和不足的关系。如果我们审视自己做得最好的以及最想改变的，就会发现这两者是同一核心行为的两个方面，只是程度不同而已。我们大多数人都可以克服大部分的"缺点"或"不足"，并从中找到自己的潜在优势。

例如，我可以责备自己控制欲太强，过于事无巨细，或者我也可以赞赏自己非常负责，值得信赖，工作细致。管得太细的问题依然存在，但从优势视角来看，我将有信心审视自己，评价那些自己想要改变的行为。

我想强调的是，优势视角并不是一种简单的允许我们对一个问题进行积极思考并认为它已经解决的工具。通过盘点自己的优势，它提出了可以利用这些优势来应对相关挑战的方法。我向学生传授这种观点的一种方式是，要求他们对自己所做的课堂报告提供并接受反馈。当一个学生做报告时，她/他会从其他同学那里收到反馈。作为听众的学生必须明确指出他/她的三个明显的长处和一个短处。诀窍在于，他们必须利用自己对对方优势的评估就其可以如何应对特定的情况提出建议。例如：

长处

1. 你的个人情感故事立刻引起了我的兴趣。
2. 你举的例子很贴近我的生活。
3. 你总结出了与我们的课堂学习密切相关的可行策略。

短处

你讲述的故事和列举的例子引起了我的共鸣，但有时候我很难一边观看PPT一边听你说话。我不想漏听你说的话，可我又担心跟不上PPT的播放速度。你可以尝试减少PPT上的文字——或者干脆不用PPT。没有PPT，我就能专心听你做报告了。

研究表明：脆弱是反馈过程的核心。无论我们是在提供和接收反馈，还是在征求反馈，都是如此。即使我们在提供和接收反馈方面受过培训且经验丰富，我们仍然会感受到脆弱。但经验确实给了我们优势，让我们知道我们可以在充满风险和不确定性的环境中生存，并且值得冒这个险。

人们在反馈过程中犯的一个最大的错误是**"过度防御"**。为了保护我们在给予或接受反馈时不受伤害，我们摆出了气势汹汹的架势。人们很容易认为，反馈过程会让接收反馈的人感到脆弱，但事实并非如此。对每个受访者来说，围绕期望和行为的诚实参与总是充满不确定性、风险和情感暴露。这里有一个例子：苏珊是一所大型高中的校长，针对几位家长的投诉，她不得不找一位老师进行沟通。那几位家长对这位老师在课堂上骂人以及用手机打私人电话时允许学生离开课堂、无所事事的情况表示担忧。在这种情况下，"过度防御"可以有以下两种形式。

一种形式是，苏珊可以将家长的意见写进试用期表格，等这位老师进来时，把它放在桌子上。她只需说："这是家长对你的投诉。我已经把你犯的这几个错误记下来了。你在这儿签个名，别再让这种事发生了。"这次沟通不到三分钟就结束了。没有反馈，没有成长，没有学习，一切都结束了。这位老师改正行为的可能性微乎其微。

另一种形式是，说服自己，使自己相信别人应该受到伤害或欺压。和我们大多数人一样，苏珊对愤怒比对脆弱更坦然，所以，她用一点点自以为是的态度来提升自信。"我受够了。如果这些老师尊重我，他们绝不会做出这种事。我受够了。自从我第一次见到她，她就一直在惹麻烦。你想在课堂上胡闹——尽管去吧。我会让你知道胡闹的下场。"建设性的反馈和建立关系的机会变成了一种欺压。这次沟通结束后，依然没有反馈，没有成长，没有学习，更有可能的是，一切都没有变化。

我承认我身上有很多"自作自受"的毛病。我争强好胜，想到就做，喜欢发泄自己的情绪。我很容易生气，却不擅长展示脆弱的一面，所以，我习惯在脆弱来临时采取防御心态。幸运的是，我在工作中明白了一个道理：**如果我自以为是，就说明我在害怕。**当我害怕犯错、惹别人生气或受到指责时，自以为是就是一种鼓起勇气保护自己的方式。

坐在桌子的同一边

在我的社会工作培训中，很多人都把注意力放在如何与人交谈上，甚至包括我们应该坐在哪里和怎么坐。例如，我永远不会与客户隔着办公桌面对面交谈，我会绕过办公桌，坐在客户旁边的椅子上，这样我们之间就不会隔着又大又笨重的东西了。我记得第一次去找我的一位社会工作教授询问论文成绩时，她从办公桌后面站起来，请我在她办公室里的一张小圆桌旁坐下。然后，她拉过一把椅子坐在了我旁边。

在为这次谈话做准备时，我想象着她坐在她那张大金属桌子后面，我挑衅地把我的论文从桌面上滑过去，要求她对我的分数做出解释。她在我旁边坐下后，我把论文放在了桌上。这时她说："我很高兴你能来找我谈你的论文。这篇论文写得不错，我喜欢你得出的结论。"她拍了拍我的背，我尴尬地意识到，我们坐在桌子的同一边。

我完全不知所措,脱口而出:"谢谢。这篇论文我真的写得很认真。"

她点点头说:"我看得出来。谢谢你。我因为你的APA格式①扣了你几分。我希望你重视起来,把它处理好。你可以把这篇论文提交出版,我可不希望参考文献格式成为你的绊脚石。"

我仍然很困惑。她觉得这篇论文可以出版?她喜欢我的论文?

"你需要APA格式方面的帮助吗?这很棘手,我花了好多年才把它搞明白。"她问我。(这个例子很好地解释了常态化的重要性。)

我告诉她我会修改参考文献的格式,并问她是否愿意看我的修改稿。她欣然同意,又给了我几条修改建议。我感谢她抽出时间见我,然后就离开了她的办公室。我非常感谢她对我的论文的评定,感谢她作为老师给予我的关心。

今天,"坐在桌子的同一边"成了我对反馈的隐喻。我用它创建了我的"全心投入"反馈清单:

---

① APA格式指的是美国心理学会(American Psychological Association)出版的《美国心理协会准则》中规定的论文撰写格式。其规范格式主要包括文内文献引用和文后参考文献列举两大部分。——译者注

> **以下情况表示我已经准备好给予反馈：**
>
> 我愿意坐在你的旁边，而不是坐在你的对面；
>
> 我愿意把问题摆在我们面前，而不是放在我们中间（或者把问题推给你）；
>
> 我愿意倾听、提问，并接受我可能还没有完全理解的问题；
>
> 我愿意肯定你做得好的地方，而不是挑剔你做错的地方；
>
> 我认可你的长处，并且知道你是如何运用这些长处来应对挑战的；
>
> 我会在不羞辱你或责备你的前提下让你承担责任；
>
> 我愿意承担自己那部分的责任；
>
> 我可以真诚地感谢你付出的努力，而不是指责你的过失；
>
> 我可以告诉你通过这些挑战会如何给你带来成长和机遇；
>
> 我可以示范我期望从你身上看到的脆弱和坦诚。

你可以在我的网站（www.brenebrown.com）上找到这份清单的打印版本。

如果学生、老师和家长都坐在桌子的同一边，教育的状况将会有什么不同？ 如果领导者坐在员工旁边说："谢谢你做出的贡献。如何发挥作用这个问题阻碍了你的成长，我想我们可以一起解决。你对未来的发展有什么想法？你认为我在这个问题上扮演着什么角色？我能做些什么来支持你？"

让我们回到苏珊的例子中，她是校长，她正在为一次重击做准备。如果她仔细阅读这份清单，她会意识到自己不是一个能够提供反馈、成为领导者的人。但随着办公桌上的家长投诉信越堆越多，时间对她来说成了问题，她知道这种情况需要解决。然而，当我们处于压力之下时，很难理智地给予反馈。

如果我们感觉自己放不开，如何能为脆弱和成长创造一个安全的空间呢？铁甲式的反馈并不能促进持久而有意义的改变——我不知道有哪个人在遭受打击时还能够坦然地接受反馈或承担责任。**一旦我们开启自己的铁甲防御，自我保护机制就会被启动。**

苏珊最好的选择是秉持她希望看到的开放态度，并征求一位同事的反馈。我采访过那些重视反馈并致力于此的受访者，他们都谈到了向同事征求反馈、寻求建议甚至演练困境的重要性。如果我们不愿意征求并接受反馈，我们就永远无法很好地提供反馈。如果苏珊能处理好自己的情绪，她就能和员工同舟共济，也更有可能看到她所期望的改变。

有些人可能会想："苏珊的员工问题很简单，都是小事。她为什么要花时间向同事征求反馈来解决这样的问题？"这个问题问得好，答案也很重要：问题的大小、严重性或复杂性并不总反映我们对问题的情绪反应。如果苏珊不能和这位老师站在同一阵营，那么，问题有多简单以及违规行为有多明显都不重要。苏珊可能从同事那里学到的是，她真的是被这位老师激怒了，或者她正蓄势待发，因为在这群老师中，不专业的行为正在成为一种危险的常态。给予和征求反馈关乎学习和成长，了解我们是谁以及我们如何回应周围的人是这个过程的基础。

毫无疑问，反馈可能是我们生活中最难协商的一个方面。但是，我们应该记住，胜利不是得到好的反馈，也不是避免给予困难的反馈，更不是减少对反馈的需求。相反，**胜利是脱下盔甲，展现自我，全心投入**。

敢于展现脆弱

我最近在休斯敦大学沃尔夫创业中心做了一次演讲。听众都来自美国一个领先的大学生创业项目，该项目将 35~40 名优秀本科生与导师组队，为其提供全面的商业培训。我被邀请来跟学生们谈谈脆弱和故事的力量。

在演讲结束后的问答环节中，有个学生问了我一个问题，我敢肯定，这个问题是我在谈论脆弱时人们经常会想到的。他问我："我知道敢于脆弱有多重要，但我是做销售的，我不知道脆弱是什么样子。展示脆弱是否意味着如果客户问我一个关于产品的问题，而我不知道怎么回答，我只能怎么想就怎么说：'我是新来的，我真的还不太了解这些产品。'"

学生们都转过身去听他说话，接着又转过身来看着我，好像在说："是啊，那样子真是糟大了。我们真的应该这么做吗？"

我的回答是否定的。没错，在这种情况下，展示脆弱就是承认你的无知，就是看着顾客的眼睛说："我不知道这个问题的答案，但我会找到的。我希望你能了解正确的信息。"我解释说，不愿意面对因无知而生的脆弱感，往往会导致我们寻找借口、回避问题，或者最坏的情况是瞎扯一通。这对任何关系都是致命的打击，我从与以销售为生的人的交谈中了解到的一件事是，销售靠的就是人际关系。

所以，虽然我不会对客户采取这种策略，但我确实认为，**与别人分享你在工作上的无知状态是有价值的**——无论这个人是能为你提供支持和指导的导师，还是能帮助你学习并将你的工作规范化的同事。想象一下，你对自己的工作知之甚少，却努力想让客户相信你的专业，你无法寻求帮助，也找不到人倾诉你的痛苦，这会带来什么样的压力和焦虑。我们就是这样搞砸人际关系的。在这种情况下，我们很难保持专注，于是我们开始投机取巧，满不在乎，然后被炒鱿鱼。演讲结束后，一位导师走过来对我说："我整个职业生涯都在做销售，让我告诉你，没有什么比有勇气说'我不知道'和'我搞砸了'更重要了——**诚实和坦白是我们在生活中取得成功的关键。**"

2011年，我有机会采访了盖伊·加迪斯（Gay Gaddis），

CHAPTER 6
破坏性投入：敢于将教育和职场重新人性化

她是得克萨斯州奥斯汀市智库（T3）的所有者和创始人。智库是一家顶尖的整合营销公司，专门从事跨媒体的创新营销工作。1989年，盖伊怀着创办一家广告公司的梦想，把个人退休账户中的1.6万美元用于投资。二十三年前，盖伊开设了几个地区账户，如今，她已将T3打造成美国最大的一家由女性全资拥有的广告公司。T3在奥斯汀、纽约和旧金山都设有办事处，与微软、UPS、摩根大通、辉瑞、好事达、可口可乐和雪碧等客户合作。她充满活力的商业敏锐性和其创造的企业文化为她赢得了国家的认可。她入选了《快公司》（*Fast Company*）杂志评定的"25位商界女性创业人"，被《公司》杂志评选为"年度十大企业家"，还被《职业母亲》（*Working Mothers*）杂志评选为"（广告行业）25位年度最佳职业母亲"。盖伊和T3的"家庭友好型"职场项目"T3及以下"甚至得到了白宫的认可。

我一开始采访盖伊就告诉她，一名商业记者最近告诉我，与那些受到层层制度保护的企业领导人不同，创业者承受不起脆弱的代价。当我问她对这个观点有什么看法时，她笑了，对我说："如果你避开脆弱，你就避开了机遇。"

她是这样解释的："**创业当然是脆弱的。这完全取决于你处理和管理不确定性的能力。**人在不断发生变化，预算在发生变化，董事会也在发生变化，而竞争意味着你必须保持灵活和创新。你必须创造一个愿景，并实现这个愿景。没有脆弱就没有愿景。"

我知道盖伊把大量的时间花在了教学和为他人提供指导上，所以我问她，关于接受不确定性，她会给新创业者什么建议。她说："成功需要创业者培养强大的支持网络和良师益友。你需要学会如何屏蔽噪声，这样你才能清楚地了解自己的感受和想法，然后再努力工作。毫无疑问，这一切都与脆弱有关。"

露露柠檬（Lululemon）的首席执行官克里斯汀·戴（Christine Day）采取的领导方式再次有力地证明了脆弱的力量——这一次是在企业中。在接受美国有线电视新闻网（CNN）财经频道的视频采访[1]时，戴解释说，她曾经是个聪慧、明智的高管，"专做正确的事"。后来她意识到，**让员工参与并全心投入，靠的不是命令，而是让大家在目标的指引下去思考，而她的工作就是为员工营造一个发挥作用的空间**。于是，她的思想发生了转变。她将这种转变称为从"拥有最好的想法或解决问题的最佳方法"到"成为最好的领导者"的转变。

她所描述的转变是从控制脆弱转变为面对脆弱——承担风险和培养信任。虽然脆弱有时会让我们感到无能为力，但她的转变完全是一种权力的转移。戴已将门店数量从 71 家增至 174 家，总营业收入从 2.97 亿美元增至近 10 亿美元，露露柠檬的股价自 2007 年首次公开募股以来上涨了约 300%。

戴在视频采访附带的书面采访中说，脆弱是创造力、革新

---

[1] 美国有线电视新闻网财经频道视频采访：http://management.fortune.cnn.com/2012/03/16/lululemon-christine-day. 检索于 2012 年 3 月。

力和信任的发源地,这个观点会一直发挥作用——即使是在遇到失败和挫折的时候。戴的领导艺术中有一条是"寻找魔法制造者"。正如她所解释的:"敢于承担责任、勇于冒险和具有创业精神是我们希望员工具备的品质。我们想要那些有魔力的人。运动员在我们的文化中是伟大的,他们习惯了输与赢,他们知道如何处理和弥补失败。"戴还强调了允许人们犯错的重要性,她说:"我们的黄金法则是什么呢?那就是,如果你把事情搞砸了,那就自己收拾好残局。"

在任何系统中,如企业、学校、宗教团体甚至包括家庭,只要观察人们讲话的频率和坦诚程度,我们就能看出他们是如何面对脆弱的:

> 我不知道。
> 我需要帮助。
> 我想试一试。
> 我不同意——我们能谈谈吗?
> 虽然这没什么用,但我学到了很多。
> 是的,我做到了。
> 这就是我需要的。
> 这就是我的感受。
> 我需要一些反馈。

> 我能听听你的意见吗?
>
> 下次我能做得更好吗?
>
> 你能教我怎么做吗?
>
> 我在其中起到了一些作用。
>
> 我愿意为此承担责任。
>
> 我支持你。
>
> 我想帮点忙。
>
> 我们接着干吧。
>
> 我很抱歉。
>
> 那对我很重要。
>
> 谢谢你。

对于领导者来说,脆弱看起来和它给人的感觉往往都让人不舒服。赛斯·高汀(Seth Godin)在他的《部落:一呼百应的力量》(Tribes: We Need You to Lead Us)一书中写道:

"**领导力之所以稀缺,是因为很少有人愿意经历领导所需要面对的不适感。这种稀缺使领导力变得有价值**……站在陌生人面前是不舒服的。提出一个可能失败的想法是不舒服的。挑战现状是不舒服的。抑制住想安定下来的冲动是不舒服的。当你意识到这种不适时,你就找到了需要领导者的地方。如果你作为一个领导者在工作中没有感到不自在,那么几乎可以肯定的是,你没有发挥出作为领导者的潜力。"

在查看数据、浏览自己采访领导者的记录时，我想知道，如果学生或老师有机会向自己的领导提要求，那么学生会对老师说什么，老师又会对校长说什么。我还想知道，客服代表会对老板说些什么，会向老板提些什么要求。我们希望人们了解我们的哪些方面，我们需要从他们那里得到什么？

当我开始写下这些问题的答案时，我发现它们听起来像是一道命令，又像是一种宣言。以下是我从这些问题中得出的结论：

敢于担当的领导力宣言

致首席执行官和老师、校长和管理者、政治家、社群领导和决策者：

我们想展示自己，我们想学习，我们想激励别人。

我们天生就相互联结，好奇心强，愿意投入其中。

我们渴望发挥作用，我们渴望创造与奉献。

我们想承担风险，我们想拥抱脆弱，勇敢面对。

当我们的学习和工作被非人化——你漠视我们，不再鼓励我们勇敢尝试，或者，你只关注我们在生产什么或我们的表现如何——的时候，我们就会挣脱并远离这个世界想从我们身上得到的东西：我们的才华、我们的想法和我

> 们的激情。
>
> 我们希望你能做到：跟我们接触，在我们身边表现自己，向我们学习。
>
> 反馈是尊重的体现，如果你没有与我们坦诚地谈论我们的优势与不足，我们就会质疑自己的贡献和你的诚意。
>
> 最重要的是，我们要求你展现自己，让别人看到你，变得勇敢，和我们一起敢于担当。

你可以在我的网站（www.brenebrown.com）上找到这份宣言的打印版本。

CHAPTER

7

全心投入的亲子教育：
父母要敢当孩子的榜样

  我们是什么样子以及我们投入世界的方式，要比我们所了解的教育之道，更能预测孩子未来的发展。就教育孩子在"永远不够"的文化中勇敢尝试而言，问题不在于"你培养孩子的方法对吗？"而在于"你自己是你希望孩子长大后成为的那种人吗？"。

在"永远不够"的文化背景下,如何养育子女

我们大多数人都喜欢带彩色编码的育儿手册——所有我们解决不了的问题,书里都有相应的指南。育儿手册为我们养育孩子提供了保障,并最大限度地减轻了我们的脆弱。我们想知道的是,如果我们遵循某些规则或者坚持某个育儿专家推崇的方法,我们的孩子是不是就能一觉睡到天亮,就能快快乐乐的,就能交到朋友,就能取得事业上的成功,且平安健康?养育孩子的不确定性让我们感到沮丧和恐惧。

在养育孩子这样一个充满不确定性的过程中,我们对确定性的需求使明确"如何养育孩子"的策略显得既诱人又危险。我之所以说"危险",是因为确定性往往会滋生绝对心理、不宽容和评判行为。这就是父母之间互相苛责的原因——我们紧紧抓住一种方法,很快这种方法就变成了通用方法。我们像大多数父母一样为多种育儿方式而困扰,然后看到别人做出和自己不同的选择时,我们通常会认为自己选错了。

讽刺的是,养育孩子之所以会成为羞耻感和评判的雷区,恰恰是因为大多数人在抚养孩子时都在经历不确定性和自我怀疑。毕竟,如果我们对自己的决定充满信心,我们很少会做出自以为

CHAPTER 7
全心投入的亲子教育：父母要敢当孩子的榜样

是的判断：如果我确定自己喂孩子吃的食物符合孩子的发育需求，那么我就不会因为你给孩子喂非有机牛奶而羞愧地翻着白眼昏死过去。但是，如果我对自己的选择心存疑虑，那么在养育孩子的过程中，那种自以为是的批评就会在不恰当的时刻迸发出来，因为对"自己无法做到完美"的潜在恐惧逼着我们去确认"至少我比你做得要好"。

在我们对孩子的希望和恐惧的深处，隐藏着一个可怕的事实：没有完美的养育方式，也无从保证完美。从争论亲密育儿法、讨论欧洲的育儿法有多先进，到对"虎妈"和"直升机父母[①]"的轻蔑，全国范围内关于养育孩子的对话大多陷入了激烈的争论中，很容易让我们忽视一个重要而残酷的事实：**我们是什么样子以及我们投入世界的方式，要比我们所了解的教育之道，更能预测孩子未来的发展。**

我不是育儿专家。事实上，我甚至不确定自己是否相信"育儿专家"的说法。我是一个忙碌但不完美的母亲，也是一个充满激情的研究人员。正如导言中提到的，我是个经验丰富的地图绘制者，也是个一路上跌跌撞撞的旅行者。和你们许多人一样，养育子女是我迄今为止最勇敢、最大胆的冒险。

从研究羞耻感开始，我就一直在收集关于养育子女的资料，并密切关注受访者谈论的自己如何被父母抚养以及自己养育子女

[①] 指某些"望子成龙""望女成凤"心切的父母。他们就像直升机一样盘旋在孩子的上空，时刻监控着孩子的一举一动。——译者注

的事情。我这样做的原因很简单：**让我们拥有自己"足够好"的价值观的，正是我们的原生家庭。**他们的讲述当然不仅限于家庭，但我们对自己的了解，以及我们在儿童时期学到的与世界接触的方式，为我们设定了一条道路，这条道路要么要求我们花费生命中的大部分时间挣扎着追寻自我价值，要么会给我们的人生之旅带来希望、勇气和复原力。

毫无疑问，我们的行为、思维和情绪都是与生俱来的，但同时也受环境的影响。我不敢贸然去猜测其间的比例，而且我相信对此我们永远无法精确判断。但我毫不怀疑的是，在涉及爱、归属感和价值感时，我们受原生家庭的影响最大——我们所听到的、被告知的，或许最重要的是，**我们所学习的父母投入世界的方式。**

作为父母，我们对孩子的性情和个性的掌控可能比想象中要少，对"匮乏文化"的掌控也比我们想要的少。但在养育子女的其他领域，我们大有用武之地：帮助孩子理解、欣赏他们的内心情感，并使之发挥其价值；教导孩子如何面对一连串"永远不够"的文化信息。就教育孩子在"永远不够"的文化中勇敢尝试而言，问题不在于"你培养孩子的方法对吗？"，而在于"你自己是你希望孩子长大后成为的那种人吗？"。

正如约瑟夫·奇尔顿·皮尔斯（Joseph Chilton Pearce）所写："比起说教，以身作则对孩子的影响更大，所以，我们自己必须成为我们希望孩子成为的人。"尽管养育孩子的脆弱有时很可怕，但我们不能穿上盔甲或推开脆弱——它是我们教育和培养孩子建立人际关系、理解人生意义、学会爱的最丰饶且最肥沃的土壤。

脆弱是家庭故事的核心。它定义了我们最快乐、最恐惧、最悲伤、最羞耻、最失望、最有爱意、最有归属感、最感恩、最有创造力和最惊奇的时刻。无论是抱着孩子，还是站在孩子身边，或是在其身后追着他们，或是隔着孩子反锁的门与他们说话，脆弱决定了我们是谁、我们的孩子又是谁。

一旦消除了脆弱，我们会把养育孩子变成一场竞赛，一场关于了解、证明、执行和衡量而不是生活的竞赛。如果撇开"谁更优秀"的问题，放下学校录取书、成绩、体育运动、奖杯和成就等标杆，我想绝大多数人都会赞同，我们希望孩子达到的，正是我们希望自己达到的——**我们希望培养出全心全意生活并热爱生活的孩子。**

如果全心投入是目标，那么，首先我们应该努力培养这样的孩子：

- 自信地与世界接触。
- 接纳自己的脆弱与不完美。
- 对自己和他人怀有深深的爱和同情。
- 重视勤奋、毅力和尊重。
- 心怀一种真实感和归属感，而不是向外寻找这种感受。
- 敢于展现自己的不完美、脆弱和创造力。

- 不因为自己的与众不同或者自我挣扎而觉得丢脸或不讨喜。
- 勇敢而坚强地在这个瞬息万变的世界里生存。

为人父母，我们需要做到：

- 承认我们无法给予孩子我们没有的东西，所以，我们必须与孩子分享我们成长、改变和学习的旅程。
- 认识我们自己的盔甲，并为孩子示范如何卸下盔甲、展现脆弱，勇敢地展示自我，让别人看到并了解真正的自己。
- 继续我们自己的全心投入的旅行，借此尊重孩子。
- 从"足够"的角度教育孩子，而不是从匮乏的角度。
- 注意鸿沟，实践我们想传递的价值观。
- 无畏挑战，比我们以往任何时候都更加无所畏惧。

换句话说，如果我们希望孩子爱自己并接纳自己，我们要做的就是以同样的方式对待我们自己。如果我们想培养勇敢的孩子，我们就不能让恐惧、羞耻、责备和评判充斥自己的生活。同情和联结——它们给我们的生活带来目的和意义——只有亲身体验过才能学会，而原生家庭正是我们体验这些的第一站。

在这一章，我想分享我从育儿研究中学到的关于价值、羞耻感复原力和脆弱的知识。这项工作深刻地改变了我和史蒂夫的思考方式,以及我们为人父母的方式。它极大地改变了我们的生活重心、我们的婚姻和我们的日常行为。因为史蒂夫是一位儿科医生,所以我们花了很多时间讨论育儿研究和各种育儿模式。我的目的不是教你如何为人父母,而是分享一个新的视角,通过这个视角,我们可以看到培养全心投入的孩子所面临的巨大挑战。

了解并战胜羞耻感

有一种可怕的说法是,一旦有了孩子,我们的人生就结束了,而他们的人生则开始了。对许多人来说,生活中最有趣、最有成就感的阶段是在有了孩子之后,而最大的挑战和挣扎也发生在中年以后。全心投入地养育孩子,并不是要把所有的事情都弄明白了再教给孩子,而是要和孩子一起学习和探索。相信我,在这场探索之旅中,有时我的孩子会走在我的前面,要么等着我,要么回头拉我一起走。

我在导言中曾提到,如果将我的采访对象大致分成两组——一组是有着深厚的爱与归属感的人,另一组是为爱和归属感奋斗的人——那么,只有一个可变因素可以将这两组人区分开来:**那些觉得自己惹人爱也爱别人、有归属感的人认为自己值得被爱并**

拥有归属感。我常常说，全心投入就像北极星：我们从未真正到达，但我们知道自己正朝着正确的方向前进。若想培育出相信自己有价值的孩子，就需要我们以身作则为自己的人生奋斗。

关于价值感，有一点很重要：**价值感没有任何先决条件。**然而，我们大多数人都会给价值感罗列一长串先决条件——我们在成长过程中继承、学习和耳濡目染的一些限定条件。这些先决条件大多属于成就、功绩和外部认可的范畴，都是些"如果/当……我就有价值"的问题。它们可能没有被写下来，我们可能都没有察觉到，但我们心里都有一个列表，上面写着"……我就有价值"。

- 当我减肥时。
- 如果我被这所学校录取。
- 如果我妻子没有出轨。
- 如果我们没有离婚。
- 如果我升职。
- 当我怀孕时。
- 当他约我出去时。
- 当我们在这附近买房子时。
- 如果没有人发现。

羞耻感喜欢先决条件。"如果/当……我就有价值"这一长串先决条件，很容易翻倍变为"小魔怪的待办事项"——提醒她别忘了，她妈妈觉得她应该把怀孕时长的肉都减掉；提醒他，新来的老板只器重有MBA学位的员工；如果她忘了去年她所有的朋友都找到另一半了，就刺激她一下。

作为父母，如果要帮孩子培养克服羞耻感和提升价值感的能力，就要时刻警醒那些我们有意无意地传递给他们的先决条件。我们有没有直接或隐晦地告诉孩子，是什么让他们变得越来越讨人喜欢，或不讨人喜欢？我们有没有专注于改变孩子的行为，同时明确指出他们的价值感不会受影响？我经常告诉父母，我们传递给孩子的一些最具危害性的隐秘信息，来自第三章讨论过的行为规范。我们有没有公开或私下告诉女儿，苗条、漂亮、端庄是她有价值的先决条件？我们有没有教育女儿要尊重男性，把他们当成温柔、可以亲近的人？我们有没有向儿子传递这样的信息：希望他们在情感上坚忍克己，把金钱和地位放在首位，并且敢闯敢冲？我们有没有教育儿子要尊重女性，把她们当作聪明能干的人，而不是物化女性？

完美主义是另一个先决条件。在十几年对价值感的研究中，我确信完美主义是会传染的。**如果我们为生存、生活和外表的绝对完美而苦苦挣扎，我们就会把孩子排成一行，把那些完美主义的小号紧身衣套在他们身上。** 就像我在第四章里提醒的那样，完美主义不是教导人们如何追求卓越或做最好的自己，而是在教导人们重视别人对他们的想法和感受做出何种评价，是在教导人们如何表现自己、讨好别人并最终证明自己。不幸的是，在我的生活中，这样的例子比比皆是。

例如，有一天，艾伦第一次上学迟到，她当场哭了起来。她很担心自己违反校规会惹恼老师或校长，结果心理崩溃了。我们不停地告诉她，这没什么大不了的，每个人都有迟到的时候，后来她才感觉好些。那天晚上，吃完饭后，我们开了一个小小的"迟到派对"，庆祝她的第一次迟到。她终于想通了，迟到确实没什么大不了的，而且其他人也不会因此对她说三道四。

四天后是星期天，我们一大早要去教堂做礼拜，可是快迟到了，我急得哭了起来。"为什么我们总是没法准时从家里出发呢？我们就要迟到了！"艾伦抬头望着我，认真地问："爸爸和查理一分钟后就出来。我们错过了什么重要的事情吗？"我毫不犹豫地说："不是！我只是讨厌迟到，讨厌偷偷摸摸地溜进过道。做礼拜是九点钟开始的，不是九点零五分。"她看上去有些困惑，然后咧嘴一笑，说道："这没什么大不了的。每个人都有迟到的时候。记住了吗？等我们回到家，我会为你开一个迟到派对。"

有时先决条件和完美主义会以非常微妙的方式传承下来。从作家托尼·莫里森（Toni Morrison）那里，我得到了一条非常棒的育儿建议。那是在2000年5月，艾伦刚过完她的第一个生日。当时莫里森做客《奥普拉脱口秀》（*Oprah*），在聊她的书《最蓝的眼睛》（*The Bluest Eye*）。奥普拉说："托尼提到了一件美好的事情，那就是当孩子第一次走进房间时，我们就得到了我们是谁的信息。"接着，她请莫里森谈谈这件事。

莫里森解释说，观察孩子走进房间时会发生什么，这很有意思。奥普拉问："你面露喜色了吗？"她解释道："在我的孩子还小的时候，他们走进房间时，我会盯着他们看，确认他们的裤子有没有穿好，头发有没有梳好，袜子有没有穿好……**你以为你的脸上满是对他们深深的爱，因为你在关心他们。其实并不是。当孩子看着你的时候，他们看到的却是一张批评的面孔。他们心里会想：'我又做错了什么？'**"她的建议很简单，却改变了我的思维模式。她说："把你内心的想法写在脸上。当孩子走进房间时，我脸上写着'我很高兴见到你们'。就这么简单，明白了吗？"

我每天都在认真思考这个建议——它已经成了我的习惯。当艾伦穿好衣服，蹦蹦跳跳地走下楼梯，准备去上学时，我可不希望从我嘴里蹦出来的第一句话是"把你的头发往后梳"或者"这双鞋跟你的裙子不搭"。我希望我脸上的表情能告诉她我见到她有多高兴，和她在一起我有多开心。当查理从后门进来，因为抓蜥蜴而汗流浃背、浑身脏兮兮的时候，我想先冲他一笑，然后才说"洗完手再碰别的东西"。我们常常以为，批评、发怒、恼火才是教育孩子的正确方式。我们不知道的是，我们看着孩子时脸上露出的第一个表情，可能会成为孩子感受到自我价值的先决条件，或者他们的自我价值的构成因素。**当孩子走进房间时，我不想批评他们，我只想以笑脸相对。**

除了关注先决条件和完美主义，我们还可以帮助孩子以另一种方式保持和培养他们的价值感，这种方式与羞耻感和内疚之间的区别有关。研究表明，育儿方式大体上可以预测出孩子有多容易感到羞耻或内疚。换句话说，作为父母，我们极大地影响着我们的孩子如何看待他们自己以及内心的挣扎。当我们知道羞耻感与成瘾、抑郁、攻击性、暴力、饮食失调和自杀呈正相关，而内疚与这些结果呈负相关时，我们自然希望培养更多表现出内疚自我对话而非羞耻感自我对话的孩子。

也就是说，**我们需要把孩子和他们的行为分开来看。事实证明，"你很坏"和"你做了坏事"之间有很大的区别**。这不仅仅只是语义上的区别。羞耻感使我们不相信自己可以做得更好。当**我们羞辱孩子**并给他们**贴上标签**时，我们就剥夺了他们成长和尝试改变的机会。如果孩子说谎，他们可以修正这种行为。但如果孩子被贴上骗子的标签，还会有改变的可能吗？

培养更多的内疚自我对话和更少的羞耻感自我对话，需要我们重新思考如何管教孩子、如何与孩子交谈。这也意味着我们要向孩子解释这些概念。如果我们愿意解释，孩子们也会乐于谈论羞耻感。孩子长到四五岁的时候，我们就可以向他们解释内疚和羞耻感的区别，向他们解释我们有多爱他们，即使他们做错了事。

艾伦上幼儿园的时候，有一天下午，她的老师打电话到我家，对我说："我完全明白你现在在做什么。"

我问她为什么这么说,她说这个星期早些时候,有一次她朝艾伦看过去,艾伦当时正在玩闹,周围全是荧光纸屑,她说了句:"艾伦!你就是一团糟。"艾伦一脸严肃地回答说:**"我可能会把事情弄得一团糟,但我并不是一团糟。"**(从那天起,我成了"别人家的妈妈"。)

查理也知道羞耻和内疚的区别。有一次,我发现我们家的狗从垃圾桶里拖出食物,我就骂她:"坏小妞!"查理从角落里冲过来,大喊道:"黛西只是个做了错事的好小妞!我们都爱她!我们只是不喜欢她调皮捣蛋而已!"

我对他说:"黛西是一只狗,查理。"我想解释这种区别,查理回答说:"哦,我明白了。黛西是一只做了错事的好狗狗。"

羞耻感对孩子来说是痛苦的,因为它与担心自己不讨人喜欢的恐惧有着千丝万缕的联系。**对于那些仍然依赖父母生存——获得食物、住所和安全——的幼儿来说,觉得自己不惹人爱是对生存的威胁。这是创伤。**我相信,当我们感到羞耻的时候,大多数人会回想起自己孩童时那种幼稚而渺小的感觉,这是因为我们的大脑将我们早期的羞耻经历存储为创伤,当它被触发时,我们就会回想起那种感觉。虽然还没有神经生物学的研究来证实这一点,但我已经按照同样的模式记录了数百次采访:

"我不知道发生了什么事。老板当着团队成员的面骂我是白痴,我一时语塞。突然间,我好像回到了波特老师的二年级课堂,我说不出话来。我想不出什么体面的话来回应。"

或者：

"我儿子第二次被三振出局时，我简直不忍直视。我总是说我永远也不会做出我爸爸对我做的事，但是我在儿子的队友面前冲他大喊大叫。我甚至不知道这是怎么发生的。"

在第三章，我们得知，大脑处理社会排斥或羞耻感的方式，与处理身体疼痛的方式完全相同。我想最终会有数据来支持我的假设的，即**孩子会把羞耻感当作创伤来储存**，但与此同时，我敢断言，**童年的羞耻经历会改变我们的个性，会改变我们对自己的看法，会改变我们对自我价值的感知。**

我们可以努力不把羞耻感当作养育孩子的工具，但我们的孩子在外面的世界仍会遭遇羞耻感。所幸，当孩子们明白羞耻和内疚的区别时，当他们知道我们有兴趣并愿意谈论这些感受和经历时，他们就会向我们倾诉自己在与老师、教练、牧师、保姆、祖父母，以及其他影响他们生活的成年人互动时的羞耻经历。这一点非常重要，因为它让我们有机会像裁切照片一样"裁切"羞耻感。

作为父母，我们在了解羞耻感之后，很可能会意识到：是的，我们羞辱了自己的孩子。的确是这样。羞耻感研究人员甚至也不例外。我们知道羞耻感会带来严重的后果，于是我们在家里尽量不用羞耻感去影响孩子，但我们也开始担心来自家庭之外的羞耻感会影响孩子。这些担心将会发生——**辱骂、奚落和欺凌在我们的残酷文化中非常猖獗**。但好在与父母对孩子的影响相比，这些经历的影响还是处于下风的。

我们大多数人都记得童年时代那些让人难以释怀的事。但我们之所以记得这些经历，更有可能是因为我们没有和那些乐于谈论羞耻感并努力帮助我们培养羞耻感复原力的父母一起处理这些经历。我不怪我的父母，就像我不怪我的祖母开车时让我站在她旁边的副驾驶位置上一样。他们当时没有办法获得我们今天所拥有的信息。

但我知道我现在在做什么，我是这样思考羞耻感和价值感的："人生是一本相册，而不是某张相片。"假设你打开一本相册，一直盯着那些让你感到羞耻的大幅照片，你肯定会合上相册，然后一边走开一边想：人生尽是羞耻之事。如果你打开相册，偶尔看到几张记录你的羞耻经历的小照片，而每张照片都被其他蕴含着价值、希望、奋斗、韧性、勇气、失败、成功和脆弱的照片包围，那么羞耻经历就只是你人生经历的一小部分。它们的存在并没有给这本相册贴上"羞耻"标签。

我重申一遍，**我们不能让我们的孩子体验羞耻**。相反，我们的任务是传授和培养羞耻感复原力。要做到这一点，我们必须先讨论什么是羞耻感，以及它是如何出现在我们的生活中的。在我采访过的成年人中，与那些偶尔有过羞耻感但能与父母谈论羞耻感的人相比，那些被以羞耻感为主要育儿工具的父母养大的人，更难坚信自己的价值。

如果你的孩子已经长大，而你想知道现在教他们如何从羞耻感中复原过来，或者改变"相册"是否为时已晚，答案是否定的。现在还不算太晚。**要想掌控自己的人生故事，即使是难堪的故事，其关键在于，我们必须自己书写结局。**几年前，我收到了一位女士的来信，她在信中写道：

> 你的工作以一种奇怪的方式改变了我的生活。我妈妈听了你在阿马里洛的一个教堂里的演讲。之后，她给我写了一封长信，信中说：
>
> **"我以前不知道羞耻和内疚之间有区别。我想我羞辱了你一辈子。我很内疚。我从来没有觉得你不够好。我只是不喜欢你的选择。但我终究是羞辱了你。我无法收回我说过的话，但我想让你知道，你是上天赐予我的最好的礼物，我很自豪能成为你的母亲。"**
>
> 我简直不敢相信。我妈妈今年七十五岁，我也五十五岁了。妈妈的这封信让我心里好受多了。它改变了一切，包括我养育孩子的方式。

除了帮助孩子理解羞耻感，培养他们进行内疚自我对话而非羞耻自我对话外，我们还必须非常小心"羞耻感的泄露"（shame leakage）。即使我们不羞辱孩子，羞耻感仍然会以一种对家庭具有强大影响的方式出现在我们的生活中。基本上，我们无法培养出比我们更能从羞耻感中复原过来的孩子。我可以鼓励艾伦爱护自己的身体，但让她亲眼见到我爱护自己的身体显然更有效。我可以安抚查理，告诉他在进行第一场棒球比赛之前，不需要完全了解棒球的来龙去脉，以此来缓解他对自己可能会在接近垒位时跑错方向的担忧。但是，我们在生活中有没有让他看到这一幕：我和史蒂夫在尝试新事物、犯错和失败的时候并没有批评自己？

最后，**常态化**是我们能为孩子提供的最有效的克服羞耻感的工具之一。正如我在上一章解释的，常态化是指帮助孩子了解他们并非特例，我们也经历过许多同样的挣扎。这适用于社交场合，也适用于他们的身体发生变化时，以及他们感到羞耻、感觉被冷落、想要勇敢但又害怕的时候。**当父母对孩子说"我也是"，或者分享其遭遇的相似经历时，父母和孩子之间会产生难能可贵的共鸣。**

关注鸿沟：支持孩子就是相互支持

我认为，在这一点上，重要的是要停下来，并认识到关于育儿价值观的争论具有令人羞耻的特性。在听人聊天或翻看书籍和博客时，你经常会发现有关育儿方面的争议或分歧，比如有关分娩方式和地点、割礼、接种疫苗、孩子与父母同眠、喂养等方面的争论，你感到的是羞耻，看到的是伤害，深深的伤害。你会看到人们——大多数是成为母亲的女人——做出了与我之前定义的羞辱完全相同的行为：辱骂、奚落和欺凌。

我对这些行为的看法是，**如果你因为其他父母做出的选择而感到羞耻，就不要大言不惭地声称自己关心孩子的幸福。**这些都是相互矛盾的行为，它们造成了难以逾越的价值鸿沟。的确，大多数人（包括我自己）对每一个话题都有强烈的看法，但如果我们真的关心孩子在更深远意义上的幸福，我们的使命就是做出符合我们的价值观的选择，并支持其他父母也做出符合他们的价值观的选择。我们这么做也是为了捍卫自己的价值观。当我们对自己做出的选择感到满意时，当我们自信地与这个世界打交道时，我们就会觉得没有必要去评判和攻击别人的选择。

在这场争论中，我们很容易树立一个假想敌，然后说："所以，我们就应该无视那些虐待孩子的父母吗？"事实是，有人做出与我们不同的选择并不意味着这就会构成虐待。如果真的发生虐待行为，无论如何一定要报警。如果没有，我们不应该把它定性为虐待。作为一名在儿童保护服务机构实习过一年的社工，我几乎无法容忍那些随意使用"虐待"或"疏于照顾"等字眼来吓唬或贬低那些所谓的不称职父母的争论，他们认定这些父母的行为是错误的、糟糕的，是不符合常理的。

确切地说，**我已经放弃了用好和坏来界定父母的做法**，因为在任何时候，你都可以把我归为好母亲或坏母亲，这取决于你的观点和我的情况。我看不出这种评判对我们的生活或更广义上的育儿理念有什么价值。这是一场必然会发生的羞耻风暴。对我来说，关于育儿价值观的问题，关键在于投入。我们关注了吗？仔细思考我们的选择了吗？对学习和犯错持开放态度吗？好奇并愿意提问吗？

我从工作中得知，世界上有一百万种方法可以让我们成为一个出色的、投入的父母，而其中有一些方法与我的育儿理念是相冲突的。例如，我和史蒂夫对孩子们看的电视内容要求非常严格，尤其是涉及暴力的时候。我们对此认真思考，热烈讨论，尽我们所能做出最好的决定。而我们的有些朋友允许孩子看的电影和节目正好是我们不允许艾伦或查理看的。但是，你知道吗？那些朋友也在思考、讨论，并努力做出了最好的决定。他们只是得出了与我们不同的结论，我尊重他们的决定。

最近，我们发现自己又站在了这个问题的另一边，有几个好朋友对我们允许艾伦看《饥饿游戏》①（*The Hunger Games*）表示惊讶。他们没有准许自己的孩子看这部科幻青春小说。我们之间的对话显示了相互的尊重和理解。当尊重差异成为我们的理想价值观时，关注鸿沟可能会特别具有挑战性。我认为关键是要记住，当其他父母做出与我们不同的选择时，并不一定就是在指责我们。**"无所畏惧"意味着找到我们自己的路，并尊重其他人的选择。**

---

① 苏珊·柯林斯创作的科幻青春系列小说。——译者注

关注鸿沟和归属感

价值观与爱和归属感有关,要让孩子知道我们对他们的爱是无条件的,最好的方法就是告诉他们,他们属于我们这个家。我知道这听起来很奇怪,但对孩子们来说,这是一个非常强有力、有时甚至令人心碎的问题。在第151页,我把归属感定义为人类与生俱来的欲望——渴望成为比我们更强大的事物的一部分。在这项研究中,最大的一个惊喜就是,我发现适应和归属感不是一回事。实际上,**适应(fitting)是归属感(belonging)的最大障碍之一**。适应指评估一种情况,然后成为你需要成为的人,以便被人接受。而归属并不要求我们改变自己,而是要求我们做我们自己。

我把一大帮八年级学生分成几个小组,让他们说出适应和归属之间的区别,他们的回答让我大吃一惊:

- 归属就是你想去某个地方,那儿的人也想让你去。适应就是你非常想去某个地方,但是那儿的人不管怎样都不在乎你。
- 归属是你作为自己被接受。适应是你和其他人一样时才会被接受。
- 我做我自己,这是归属。我必须像你们一样,这是适应。

学生们知道两者的定义。不管我在国内哪个地方提出这个问题，也不管我去的是哪种类型的学校，中学生都明白这是怎么回事。

他们还公开聊起了在家里找不到归属感的伤心事。我第一次要求八年级学生写出归属感的定义时，有个学生写道："在学校没有归属感真的很难受。但和在家找不到归属感相比，这根本算不了什么。"我问学生们在家找不到归属感是什么意思，他们举出了以下几个例子：

- 没有达到父母的期望。
- 没有像父母期望的那样出色或受欢迎。
- 没有父母聪明。
- 不擅长父母擅长的事情。
- 交友不广，或者不是运动员或啦啦队队员，让父母没有面子。
- 父母不喜欢你现在的样子，也不喜欢你喜欢做的事。
- 父母不关心你的生活。

要想培养孩子的价值观，我们需要让他们知道他们属于这个家，而且家给他们的归属感是无条件的。这是一个巨大的挑战，因为我们大多数人都在努力寻找归属感——知道我们是某个家庭或组织的一部分，那里的人不会轻视我们的脆弱，反而会因为我们的脆弱接纳我们。我们无法给予孩子我们没有的东西，这意味着，我们必须与孩子一起培养家的归属感。下面这个例子充分说明了我们该如何与孩子共同成长，以及如何与孩子产生强烈的共鸣。（没有什么比感同身受更能激发深深的归属感了！）

上四年级时，艾伦有一天放学回家，我们一关上前门，她就哭了起来，然后跑回了自己的房间。我立即跟上去，跪在她面前问她怎么了。她抽泣着说："我讨厌做其他人！我受够了！"

我没听懂，于是让她说清楚什么是"做其他人"。

"我们每天课间都踢足球。两个受欢迎的同学当队长，由他们挑选自己的队员。第一个队长说：'我选苏西、约翰、皮特、罗宾和杰克。'第二个队长说：'我选安德鲁、史蒂夫、凯蒂和苏，其他人我们两队平分。'每天我都在被剩下的那堆人里。我从来都没有被点过名。"

我的心一下沉了。她坐在床边，双手托着脑袋。我跟着她走进房间时，因为非常担心，甚至连灯都忘开了。看着她坐在黑暗中哭泣，我受不了这种脆弱的感觉，于是我走向了灯的开关。这是一种神圣的干预——我想打开灯以缓解我的不适，但这让我想起了我最喜欢的关于黑暗和同情的名言，是佩玛·乔德隆（Pema Chodron）的名言："**同情不是医治者和受伤者之间的关系。它所涉及的双方是一种平等的关系。我们只有充分了解自己的黑暗，才能在他人的黑暗里陪伴他们。我们只有认识到共通的人性，同情才会实现。**"

于是，我没有开灯，而是转身走回艾伦身边，和她一起坐在黑暗中。这是一种视觉上的黑暗，也是一种情感上的黑暗。我搂住她的肩膀说："我知道做其他人是什么感受。"她用手背擦了擦鼻子，说："不，你不知道。你是受欢迎的那类人。"

我解释说我真的知道那是什么感受。我告诉她："当我感觉自己被归入其他人的行列时，我会生气，会伤心，还会觉得自己很渺小，很孤独。我不需要受欢迎，但是我希望人们能认识我，把我当成重要的人对待。那就是一种归属感。"

她简直难以置信。"你真的知道！这正是我的感受！"

我们依偎在她的床上，她向我讲述了她的课间经历，我也告诉了她我上学时的一些经历，那时那种做其他人的感觉很强烈也很痛苦。

大约两个星期后，邮差来送信的时候，我们俩都在家。我满怀期待地跑到门口。我之前受邀在一个众星云集的活动上演讲，所以我急着想看看宣传海报。虽然现在看起来挺奇怪，但当时一想到能在电影明星旁边看到自己，我就很兴奋。我拿着海报坐在沙发上，展开海报后，我开始像疯了一样来回扫视。就在这个时候，艾伦走了进来，说："太酷了！那是你的海报吗？让我看看！"

她朝沙发走过来，发现我的心情已经从期待变成了失望，就问我："怎么了，妈妈？"

我拍了拍沙发，她在我身边坐下。我把海报打开，她用手指

——掠过海报上的那些照片。"我没看见你。你在哪里？"

我指了指海报上明星的照片下面的一行字，上面写着"及其他人"。

艾伦靠在沙发垫子上，把脑袋搁在我的肩膀上，说："哦，妈妈，我想你是被归入其他人了。我很抱歉。"

我没有立即回答。我觉得自己很渺小，因为海报上没有我的照片，也因为我很介意这件事。艾伦探过身子，看着我说：**"我知道那种感受。我被当作其他人的时候，会觉得伤心，觉得自己很渺小，很孤独。我们都希望自己是重要的，是有所归属的。"**

这是我生命中最美好的时刻之一。我们或许并不总能在课间操场上或大型会议上找到归属感，但在那一刻，我们知道，我们属于最重要的地方——家。养育子女的完美并不体现在目标上。其实，最好的礼物——最好的教育时刻——往往出现在那些不完美的时刻，我们允许孩子提醒我们"小心间隙"。

下面这个故事是关于培养羞耻感复原力和弥合羞耻感缺口的，它非常有感染力。故事的主角是苏珊，她是我几年前采访过的一位女性。有一天，苏珊在孩子们的学校里忙着跟一群母亲交谈，而她的孩子就站在旁边等她回家。母亲们正在讨论谁将为新入学的孩子举办迎新派对。她们都不喜欢在自己家举办这样的活动，有个妈妈愿意办派对，但她的家"脏乱不堪"。这群母亲在谈论那个妈妈和她的家，几分钟后，她们一致认为让她组织派对会让她们和家长教师组织蒙羞。

她们结束讨论后，苏珊把三个孩子（一个女儿在上幼儿园，两个儿子一个上一年级，另一个上三年级）安顿好，准备回家。上一年级的小儿子在后座上不假思索地说道："我觉得你是个好妈妈。"苏珊笑着说："嗯，谢谢你。"回到家几分钟后，小儿子朝她走过来，眼里噙满了泪水。他看着苏珊说："你现在感觉很难过吗？你没事吧？"苏珊说她完全被吓到了。她跪下来说："妈妈没事。为什么这么问？发生什么事了？"

小儿子回答说："你总是说，如果人们聚在一起，仅仅因为某个人跟别人不一样就说他的坏话，那他们自己可能会感觉很难过。你说过，如果我们自我感觉良好，就不会说别人的坏话。"

苏珊心里立刻涌起了一股羞耻感。她知道儿子无意中听到了大人们在学校的谈话。

这是关键时刻，是全心投入教养孩子的时刻。我们能忍受这一分钟的脆弱吗？ 或者，我们是否需要通过改变孩子的想法，或指责他们"多管闲事"来消除自己的羞耻感和不适感？我们能借此机会承认孩子的同理心练习有多棒吗？我们能在犯错误后做出弥补吗？如果我们希望孩子掌控并如实地倾诉他们的经历，那我们能掌控自己的经历吗？

苏珊看着小儿子说："我很感谢你过来看我，还问我感觉如何。我感觉很好，但我想我犯了个错误。我需要一点时间来思考这件事。有一点你说得没错——我说了些伤人的话。"

定了定神后，苏珊和小儿子坐下来聊天。他们聊起在一个人人都对某人说三道四的场合，我们实在是太容易人云亦云了。苏珊很诚实，她承认自己有时会纠结于"别人的想法"。她说，她的小儿子靠在她身上小声对她说："我也会这样。"他们承诺以后也会继续分享彼此的经历。

投入，意味着投入时间和精力，意味着和孩子一起坐下来，了解他们的世界，了解他们的兴趣和经历。在所有有关育儿方式的争论中，争辩的双方可能都是相当投入的父母。他们有不同的价值观，接受不同的传统和文化，但他们有个共同之处，就是他们都在践行自己的价值观。他们分享的应该是这样一种人生观："**我不完美，也不会永远都对，但我永远在你身边，敞开心扉，关注你，爱护你，并且全心全意。**"

毫无疑问，投入需要牺牲，但当我们决定成为父母时，我们就已经打算这么做了。大多数人的时间分配都存在多种竞争性因素，于是我们很容易会想："我不能牺牲三个小时的时间坐下来查看我儿子的脸书页面，或者坐在女儿身边，听她解释四年级科学展丑闻的每一个细节。"我也很纠结。但是，我们圣公会的牧师吉米·格雷斯（Jimmy Grace）最近做了一次关于牺牲的本质的布道，完全改变了我对养育孩子的看法。他解释说，**在最初的拉丁语中，牺牲的意思是"使变得神圣"**。我由衷地相信，当我们全身心地投入养育孩子的过程时，不管我们有多么不完美、多么脆弱、多么混乱，我们都是在创造神圣的东西。

敢于展现脆弱

在写这部分之前,我把资料摊在餐桌上,问了自己这样一个问题:父母在培养全心投入的孩子时,经历了哪些最脆弱、最勇敢的事?我原以为要花几天时间才能弄明白,可是翻看完现场记录后,答案呼之欲出,那就是:让孩子放手拼搏,经历逆境。

我在全国各地旅行时发现,父母和老师似乎越来越担心孩子们没有学会如何应对逆境或失望,因为我们总是在解救和保护他们。有意思的是,有这种担忧的父母恰恰都是那些长期介入、解救和保护孩子的父母。其实,并不是我们的孩子不能忍受应对困境时的脆弱情绪,而是父母不能忍受不确定性、风险和袒露情绪,即使我们明知道放手让孩子自己处理才是正确的做法。

我曾经很纠结是否应让我的孩子们独自找寻自己的路,但研究所得让我就此改观,我不再认为父母的解救和干预对孩子没有帮助,相反,我认为这么做是危险的。虽然我仍然在挣扎,在不该插手时还会插手,但现在,在不适感主宰我的行为之前,我会认真思考。其原因在于:**挣扎,才有希望**。如果我们想让孩子充满希望,就必须鼓励他们面对挣扎。我想说,在爱和归属感之后,我不确定还能给予孩子什么,除了深深的希望。

在我的研究中,经历逆境时坚忍不拔、咬紧牙关是全心投入的重要品质。我很高兴看到它,因为这算是我当时仅有的几种全心投入的品质之一（记得我在导言里提到过，十个准则中，我只做到了其中两个）。当我试图在文献中寻找一个包含全心投入所需的所有特质的概念时，我发现了斯奈德（C. R. Snyder）关于希望的研究。我很震惊。首先，我认为**希望是一种温暖而模糊的情感**——一种有关可能性的感觉。其次，我认为我正在寻找的是一些能让我觉得"斗志昂扬"的东西，我将其戏称为"B计划"——当"A计划"失败时，人们会转向"B计划"。

事实证明，我对希望的看法是错误的，对斗志和"B计划"的看法是正确的。斯奈德致力于研究这个话题，他认为希望不是一种情感，而是一种思维方式或认知过程。情感虽起到了辅助作用，但希望实际上是一个思维过程，由斯奈德所说的目标、途径和能动性三部分组成。简单来说，以下这些情况发生时，就会出现希望：

- 我们有能力设定现实的目标（我知道我想去哪里）。
- 我们能够想办法实现这些目标，包括采取灵活措施并找到替代方法（我知道如何实现目标，我会坚持不懈，我可以容忍失败，然后再去尝试）。
- 我们相信自己（我能做到！）。

所以，希望就是设定目标、坚持不懈地追求目标，并对自己的能力充满信心。**希望就是B计划。**

而且，这激励我要勇敢地面对自己内心的脆弱，从而使自己可以退一步，让孩子们学会如何自己解决问题：希望可以习得。斯奈德说，**孩子最常从父母那里学到的就是希望**。要学会充满希望，孩子们需要一种有界限和一致性，并以相互支持为特征的人际关系。充满希望的孩子都有逆境经历。他们得到过挣扎、努力的机会，**在挣扎中他们学会了如何相信自己。**

要培养满怀希望、敢于脆弱的孩子，父母需要退后一步，让孩子自己体会失望，处理冲突，学会坚持自己的主张，并有机会面对失败。如果我们总是跟着孩子走进竞技场，为他们压制批评，保证他们只赢不输，他们就永远不会知道他们有能力凭自己的力量无所畏惧地征战。

我在这方面所得的最好的教训来自一次与艾伦有关的经历。当时，我去游泳队接她回家，接人的汽车排起了长龙，我前面停着十辆车。天色渐暗，我只能辨认出她的轮廓，但我还是从她站着的样子看出她有些不对劲。我还没来得及问她训练的事，她就一屁股坐在副驾驶座位上哭了起来。

"出什么事了？怎么了？你没事吧？"

她盯着窗外深深吸了一口气，用帽衫袖子擦了擦眼泪，说："周六游泳比赛，我得游 100 米蛙泳。"

我知道这对她来说非常糟糕，所以，我努力掩藏自己的如释重负——因为我刚刚以一种疯狂但对我来说很正常的方式想，可能发生了一件非常可怕的事。

"你不懂的。我不会蛙泳。我真是太差劲了。你不会明白的。我求过教练不要让我参加蛙泳比赛。"

我把车开进车道,正准备说些同情和鼓励的话来回应她,但就在这时,艾伦直视着我的眼睛,把手放在我的手上,对我说:"求你了,妈妈。帮帮我。每次其他女孩从泳池里出来时,我都还在那里游,而下一场比赛眼看就要开始了。我真的游得太慢了。"

我简直不敢相信。我的脑袋里一片混沌,无法思考。突然间,仿佛时光倒流般,我回到了十岁那年。我正站在出发台上,准备代表西北马林斯纪念馆(Memorial Northwest Marlins)游泳。我爸爸是首发队员,他向我投来孤注一掷的目光。我在离墙最近的泳道上——那是慢泳道。这将是一场灾难。就在刚才,我坐在待发席上,正想骑着跳水板围栏边的香蕉座自行车跑一圈,却无意中听到教练说:"我们让她去上一个年龄组游吧。我不确定她能不能完成比赛,但那肯定会很有趣。"

"妈妈?妈妈??妈妈!!!你听到我说话了吗?你会帮我吗?你能和教练求求情,看他会不会让我参加另一场比赛?"

这种脆弱的感觉让我无法忍受,我想尖叫:"是的!你没有必要参加你不想参加的项目。永远都没有必要!"但我没有这么做。我那时刚开始做"学会冷静"的全心投入练习,所以,我深吸了一口气,从一数到五,然后说:"我和你爸爸商量一下。"

等孩子们上床睡觉后,我和史蒂夫花了一个小时讨论这个问题，最后我们达成共识——她必须自己找教练处理这个问题。如果教练想让她参加那场比赛，她就得游。尽管这个决定让我感觉很对，但我极其讨厌它，我尝试了各种方法，比如和史蒂夫吵架、指责教练，以发泄我的恐惧，释放我的脆弱。

我们把这个决定告诉了艾伦，她很不开心。更糟的是，有一次她训练完回到家后告诉我们，教练认为她能参加正式比赛对她而言很重要。她揣着胳膊伏在桌上，低头哭了起来。突然，她抬起头来说："我可以退出比赛。很多人会错过初赛。"我当时萌生的念头是"太完美了"！可是她又接着说："我赢不了的。我连第二名、第三名都没资格拿。所有人都会来看比赛的。"

我发现这是一个机会，以重新定义对她而言什么是重要的。它可以让我们的家庭文化比游泳比赛、她的朋友，比我们社区盛行的极具竞争性的体育文化更有影响力。我看着她说："你可以退赛。如果是我，或许我也会考虑这个选择。但是，如果你的目标不是赢得比赛，甚至不是和其他女孩同时从水里出来，那会怎么样？如果你的目标是出席比赛，然后下水，会怎么样呢？"

她看着我，好像在看一个疯子。"只要出席，然后下水就行了？"

我解释说，多年来我从未尝试过自己不擅长的事，那些选择几乎让我忘了勇敢的感觉。我说："有时候，你能做的最勇敢、最重要的事情，就是出场。"

比赛那天，看到游泳队的女孩们站在出发台上，我不确定艾伦是不是也在，但她真的在。我们站在她的泳道尽头，屏住呼吸。她直视着我们点了点头，然后戴上了护目镜。

艾伦是最后一个从泳池里出来的。其他女孩都已经离开了泳池，她们站在出发台上，准备迎接下一场比赛。我和史蒂夫一直在尖叫，一直在欢呼。艾伦从泳池出来后走向教练，教练给了她一个拥抱，然后指出了她腿部打水动作的一些问题。艾伦最后向我们走过来，她面带微笑，还有点热泪盈眶。她看着我们说："成绩很糟糕，但我做到了。我到场了，也下水了。我真的很勇敢。"

下面是我写下的育儿宣言，因为我需要它。我和史蒂夫都需要它。**在一种用收获和成就来衡量价值感的文化中，放下评判标准并不容易。**当我与脆弱做斗争时，或者当我感到"永远不够"的恐惧时，我会把这份宣言当作试金石，当作祈祷和冥想。这让我想起了一个曾经改变了我甚至拯救了我的发现：我们是什么样子以及我们投入世界的方式，要比我们所了解的教育之道，更能预测孩子未来的发展。

全心投入的育儿宣言

最重要的是，我希望你知道你是被爱着的，你也是值得被爱的。

你将会从我的言行中得知这一点——爱就是我如何对待你,以及我如何对待我自己。

我希望你自信地接触这个世界。

每次你看到我在练习"自我关爱"和"接受自己的不完美",你也会明白自己值得被爱、值得拥有归属感和快乐。

在家里,我们会以"走出去,让别人看到我们"以及"鼓励展现脆弱"的方式来锻炼勇气。我们将分享彼此的挣扎经历和各自的长处。在我们家,永远都可以讲述这两种不同的故事。

我们会教你什么是同情,我们会让你先练习同情自己,然后你才能学会同情他人。我们会设定并尊重界限,我们会推崇勤奋、满怀希望和坚持不懈的品质。休息和玩乐会是我们的家庭价值观,也是我们践行的家庭理念。

看着我犯错,再看着我弥补,观察我如何表达自己的需求、谈论自己的感受——

你会从中领悟什么是责任和尊重。

我希望你懂得快乐,这样,我们才能一起练习感恩。

我希望你能感受到快乐,这样,我们才能一起学习如何展现脆弱。

我希望当不确定性和匮乏感袭来时,你可以从我们的

> 日常生活中获得精神支持。
>
> 　　我们将一起哭泣，一起面对恐惧和悲伤。
>
> 　　虽然我很想消除你的痛苦，但我还是会选择坐在你身边，教你如何感受它。
>
> 　　我们将欢笑，歌唱，跳舞，创造美好的时光。
>
> 　　我们在彼此面前永远都可以做自己。
>
> 　　无论发生什么事，你永远都属于这个家。
>
> 　　当你开启全心投入的人生旅程时，我能给你的最好礼物，就是全心投入地去生活、去爱，就是勇敢地展现脆弱。
>
> 　　我教导你的方式、疼爱你的方式、带领你看世界的方式，都不是完美的，但我会让你看到真实的我，我会永远珍惜与你相见的日子——
>
> 　　那是多么真切、多么深刻的相见。

你可以从我的网站（www.brenebrown.com）上下载这份宣言。

结 语

重要的从来不是那些批评者；不是那些指责强者跌倒的人，也不是那些挑剔实干家没有做到最好的人。荣耀属于真正站在竞技场上拼搏的人，他们的脸上沾满灰尘、汗水与鲜血；他们顽强奋战，敢于犯错，屡败屡战，因为没有任何努力不是伴随着犯错和缺陷的；但他们依然坚持不懈，他们懂得满腔热忱与倾力拼搏的意义；他们献身于崇高的事业，他们知道最好的结果是功成名就，就算最终以落败收场，至少他们败得无所畏惧……

——西奥多·罗斯福

我用九个月的时间把自己十几年的研究成果进行了修正、提炼，并将其写进了这本书，这期间我至少重温了这段话一百次。老实说，我常常会带着愤怒或泪流满面的绝望重看这段话，心想"也许这都是胡扯，或者它不值得我展示脆弱"。就在最近，在忍受了一些来自新闻网站的匿名恶意评论后，我从办公桌上的弹窗板上取下写着这段话的纸，直接对着那张纸说："如果评论者不重要，那为什么会带来这么大的伤害呢？"

那张纸没有回应。

手里拿着这张纸，我想起了不久前自己和一个20多岁的小伙子的谈话。他告诉我，他的父母把我的TED演讲的视频链接发给了他，他非常喜欢全心投入和无所畏惧的想法。他告诉我，看了我的演讲，他鼓起勇气向那个和他交往了几个月的年轻女孩告白了。听到这里，我有些不安，希望这个故事会有个圆满的结局。

结果很遗憾，那个女孩告诉他，她觉得他"棒极了"，但她认为他们都应该另择佳偶。约会结束后，他回到公寓，把这件事告诉了两个室友。他说："他们俩都弓着背坐在笔记本电脑前，头也不抬，其中一个家伙的反应就像在说：'你在想什么呢，兄弟？'"另一个室友告诉他，女孩只喜欢扮高冷的男人。他看着我说："刚开始我觉得自己很笨。有那么一会儿我不仅生自己的气，甚至还有点生你的气。但是后来我想起来了，我想起来我为什么要这样做了。我对室友说：'我在勇敢尝试，老兄。'"

他笑着告诉我："那两个家伙停止敲键盘了，他们看着我点了点头，说：'哦。兄弟，你说得很对。'"

无所畏惧与输赢无关，与勇气有关。在一个匮乏感、羞耻感占据主导地位，恐惧成为第二天性的世界里，脆弱是具有破坏性的，是令人不舒服的，有时甚至还有点危险。无疑，无所畏惧意味着要承受更多受伤的风险。但当我回顾自己的生活，以及无所畏惧对我的意义时，我可以诚实地说，最让人不舒服、觉得危险和伤心的事情，是把自己当成生活的观望者，暗自悔恨如果当初勇敢尝试，生活将会如何不同。

所以，罗斯福先生……我想你说的是对的。没有一种努力是没有错误和缺点的，没有一种胜利是不脆弱的。现在，当我读到这段话时，即使我感觉自己受到了不公平的待遇，我所能想到的依旧是"来吧，伙计"。

附 录

涌现的信任：扎根理论与我的研究过程

旅行者，脚下没有路，你必须边走边开辟道路。

西班牙诗人安东尼奥·马查多（Antonio Machado）的这句话很好地诠释了我的研究过程的精髓以及由此产生的理论。起初，我出发去寻找我所知道的真实的经验证据时，我以为我选择了一条别人走过的路。很快，我意识到，这种围绕着对受访者来说重要的事情进行的研究——基础理论研究——意味着没有前路可走，当然，也没有办法知道最终会有什么发现。

进行脚踏实地的理论研究面临的最大挑战是：

1. 承认在真正使用之前，想理解扎根理论方法论几乎不可能。
2. 敢于让受访者确定研究问题。
3. 放下自己的兴趣和先入为主的想法，去"相信眼前的事物"。

讽刺的是（或许不是），这些也是无所畏惧和勇敢生活所面临的挑战。

下面是我在研究中使用的构思、方法论、采样方法和编码过程的概述。在这之前，我想先感谢巴尼·格拉泽（Barney Glaser）和安塞姆·施特劳斯（Anselm Strauss）在定性研究和发展扎根理论方法论方面的开创性工作。特别感谢格拉泽博士（Dr. Glaser），愿意在加州和休斯敦大学之间来回往返，担任我的论文委员会的方法论专家：你确实改变了我看待世界的方式。

研究之旅

作为一名博士生，统计学的力量和清晰的定量研究思路吸引了我，但我爱上了定性研究的丰富性和深度。我从小就爱讲故事，我无法抗拒把研究当作故事素材的想法。故事是有灵魂的数据，没有什么方法论比扎根理论更有价值。扎根理论的任务是根据人们的生活经验来发展理论，而不是证明或否定现有的理论。

行为研究员弗雷德·克林格（Fred Kerlinger）将理论定义为"一组相互关联的结构或概念、定义和命题，它们以解释和预测为目的，旨在提出一种系统地看待指定变量之间的关系的视角"。在扎根理论中，我们不是从一个问题、一个假设或一篇文献综述开始的，而是从一个主题开始的。我们让受访者来确定问题或他们主要关注的话题，再由我们阐明理论，然后我们再在文献中查找与这个问题或话题相关的资料。

我没有签约参与研究羞耻感——这是我们经历过的最复杂、最多层面的情感（之一）。我用六年的时间才理解了羞耻感，它是一种如此强烈的情感，以至一提到"羞耻"这个词，就会引起人们的不适和回避。我在不知不觉间对深入研究人际关系产生了极大的兴趣。

十五年的社会工作教育让我确信一件事：联结是我们活着的原因，它赋予了我们的生活以目的和意义。如果人们对联结的主要担忧体现为对疏离的恐惧，联结在我们生活中的力量就得到了证实。我们对自己曾经做过或从未做过的事情感到恐惧，对我们是谁或来自哪里感到恐惧，这些恐惧让我们变得不讨人喜欢、不值得联系。我发现，我们可以通过了解自己的脆弱，培养同理心、勇气和同情——我称之为羞耻感复原力——来解决这个问题。

在发展出一套关于羞耻感复原力的理论，并清楚地认识到匮乏感对我们生活的影响之后，我想更深入地挖掘——我想知道更多。问题是，通过询问，我们对羞耻感和匮乏感的了解极为有限。我需要通过另一种方法来获得经验。于是，从那时起我有了从化学中借鉴一些原理的想法。

在化学特别是热力学中，如果某一种元素或属性太不稳定因而无法测量时，你通常不得不依靠间接测量的方法。你可以通过结合和减少相关的、挥发性较低的化合物来测量其属性，直到这些关系和操作揭示出其原始属性。我的想法是，通过探究消除羞耻感和匮乏感后的情况，来进一步了解羞耻感和匮乏感。

我知道人们是如何体验并消除羞耻感的，但是，在羞耻感并没有不断地刺痛他们的喉咙，使他们感到自己不配与人建立联结时，人们的感受、行为和想法是什么样的呢？有些人与我们一样身处"匮乏文化"中，却坚信自己已经足够好，这是怎么回事呢？我知道有这样的人，因为我采访过他们，并利用他们提供的一些事例为同理心和羞耻感复原力的研究提供了依据。

在深入研究相关数据之前，我把这项研究命名为"全心投入式生活"。我一直在寻找那些不顾风险和不确定性，全心投入生活并热爱生活的男男女女。我想知道他们有什么共同之处。他们最关心的是什么？他们的全心投入式生活的模式和主题是什么？我在《不完美的礼物》和一篇学术期刊文章中报告了这项研究的结果。

脆弱一直是我工作中的核心类别。它是羞耻感和全心投入研究的重要组成部分，在我那篇研究人际联结的论文中，甚至有一章的篇幅都是讲脆弱的。我明白脆弱和我研究过的其他情感之间的关系，但是经过多年日益深入的研究，我想更多地了解脆弱以及它是如何发挥作用的。从这个调查中产生的扎根理论是本书和我的另一篇学术文章的主题。

构思

正如我之前所提到的，扎根理论方法论最初是由格拉泽和施特劳斯提出并由格拉泽完善的,它为我的研究提供了研究计划。扎根理论包含五个基本组成部分:理论敏感度、理论采样、编码、理论备忘录和排序。这五个组成部分通过数据分析中的持续比较法被整合在一起。这项研究的目的是了解受访者在体验被试主题(如羞耻感、全心投入、脆弱)时的"主要关注点"。等主要关注点从数据中显现出来后,我会提出一个理论,解释受访者如何持续解决日常生活中的问题。

采样

理论采样,即能够生成理论的数据采集过程,是我在这项研究中使用的主要采样方法。在进行理论采样时,研究人员同时收集、编码和分析数据,并利用这个正在进行的过程来确定下一步要收集哪些数据以及在哪里能找到这些数据。在理论采样的基础上,我根据对访谈材料的分析和编码以及辅助数据选择受访者。

扎根理论的一个重要原则是,研究人员不应该假设身份数据的相关性,包括种族、年龄、性别、性取向、阶层和能力。虽然我没有假定这些变量之间的相关性,但在使用理论采样的同时我也使用了目的性采样(有意跨身份数据采样),以确保对不同的群体进行采访。在我的研究过程中,在某些时候,身份数据确实是相关的。在这些情况下,目的性采样继续为理论样本提供信息。在身份数据没有出现相关性的类别中,我仅使用理论采样。

我采访了750名女性,其中约43%的人自称是高加索人种，30%的人认为自己是非洲裔美国人，18%的人认为自己是拉丁裔美国人，还有9%的人认为自己是亚裔美国人。女性受访者的年龄从18岁到88岁不等，平均年龄为41岁。在接受采访的530名男性中，约40%的人认为自己是高加索人种，25%的人认为自己是非洲裔美国人，20%的人认为自己是拉丁裔美国人，剩下15%的人认为自己是亚裔美国人。受访男性的平均年龄为46岁（年龄段为18岁到80岁）。

虽然扎根理论方法论通常只需少量的样本就可达到理论性饱和（即在某一点上已无法形成新的概念上的结论，而且研究人员已经屡次为相关概念类别提供了证据），而且其所需的采访人数远远少于我在研究中采访的1280人，但我的研究形成了三个相互关联的理论，它们不仅有多个核心类别，而且每个类别都包含多种属性。羞耻感复原力、全心投入和脆弱的微妙而复杂的属性，需要大量的样本。

扎根理论的一个基本原则是"一切都是数据"。格拉泽写道："对最冗长的采访所做的最简短的评论，写在杂志、书本和报纸上的文字，公文，观察评论，对自己和他人的偏见，虚假的变量，以及研究者在实质性研究领域可能遇到的其他问题，都是扎根理论的数据。"

除了采访1280名受访者，我还分析了我在文献中所做的笔记、与内容专家的对话，以及参加访谈并协助我进行文献分析的研究生的会议记录。此外，我还记录并编码了现场笔记，记录了我在研究生课程中对大约400名硕士生和博士生进行羞耻感、脆弱和同理心培训的经验，以及对大约1.5万名心理健康和成瘾专业人士的培训经验。

我还编码了3500多条辅助数据，包括临床案例研究和案例笔记、信件和期刊页。我使用持续比较法（逐行分析）对大约1.1万起事件（原始现场笔记中的原话）进行了编码。所有这些编码都是我手工编写的，因为格拉泽扎根理论不推荐使用软件。

我亲自收集了几乎所有的数据，只有215名受访者的访谈除外，这些采访是由在我指导下工作的社会工作研究生进行的。为了确保评估者的可靠性，我对所有研究生助理都进行了培训，并对他们所有的现场笔记进行了编码和分析。

大约一半的访谈采用一对一的形式，还有的是把受访者分成两人一组、三人一组，或多人一组。访谈时间从45分钟到3小时不等，平均约为60分钟。我所采用的是经调整的会话式访谈，因为它被认为是最有效的扎根理论的访谈方法。

编码

我采用持续比较法逐行分析数据，然后制作备忘录来捕捉新出现的概念和它们之间的关系。分析的重点是确定受访者的主要关注点和核心变量的出现。当进行其他采访时，我重新构建了类别，并确定了每个类别的属性。当核心概念出现，不同类别和属性的数据已经饱和时，我就会使用选择性编码。

扎根理论研究者需要从数据中生成概念。这种方法与传统的定性方法有很大不同，传统的定性方法是基于大量的数据和受访者的引述发现和得出结论的。为了将羞耻感、全心投入和脆弱概念化，并确定受访者对这些主题的主要关注点，我逐行分析了数据，同时提出了以下问题：受访者描述了什么？他们关心什么？他们担心什么？他们想要做什么？如何解释不同的表现、想法和行为？同样，我使用了持续比较法来重新检查那些针对新兴类别及其相关属性的数据。

文献分析

扎根理论研究者允许研究问题从数据中自动显现出来，因此，在理论从数据中生成之后，研究者要对重要文献进行全面的回顾。在定量研究和传统的定性研究中，文献综述为研究结果的正反两个方面都提供了支持——进行文献综述是为了支持新研究的需要，研究是独立于文献进行的，研究结果是独立于文献出现的，研究结果将再次得到文献的支持，以证明其对研究人员的研究工作的贡献。

在扎根理论中，数据支撑理论，文献是数据的一部分。我很快意识到，扎根理论的研究人员无法进入文献综述思维。这个理论出现了，我讲完了，它怎么适用？相反，扎根理论研究者必须明白，文献综述实际上是一种文献分析，它不是独立于研究之外的，而是一个过程的延续。

本书引用的参考文献和相关研究都支持并启发了新兴的理论。

评估扎根理论

根据格拉泽的说法，对扎根理论的评估指的是评估它们的适用性、相关性、可操作性和可修改性。当理论的类别与数据相匹配时，该理论就达到了拟合。当数据被强制归入预先形成的类别或为了保持现有理论的完整性而被丢弃时，就会出现违反拟合的情况。

除了拟合之外，理论还必须与该领域的行为相关。当扎根理论允许核心问题和过程出现时，它们就是相关的。如果理论能够解释已经发生的事情，预测将要发生的事情，并解释在实质或正式探究领域里正在发生的事情，那么可操作性就可以实现。有两个标准可用于评估理论是否有效——分类必须合适，理论必须"了解事情的核心"。"了解事情的核心"意味着研究人员已经将数据以正确的方式概念化，这种方式能够准确地捕捉到受访者的主要关注点，以及他们是如何持续解决这些问题的。最后，可修改性原则规定，理论在解释资料及数据方面不可能做到完全正确，因此，随着资料在研究中不断表现出更多内容，理论必须不断被修改。

举个例子，我看了看我在本书里提出的各种概念（例如，武器库、关注鸿沟、破坏性创新等），然后问："这些类别是否与数据相匹配？它们是否相关？它们处理数据吗？"答案是肯定的，我相信它们准确地反映了从数据中得出的结论。就像羞耻感复原力理论一样，我那些研究定量的同事会对我关于全心投入和脆弱的理论进行测试，推动知识发展的进程。

当我回顾这段旅程时，我意识到了我在附录开头分享的那句话所蕴含的深刻道理。脚下真的没有路。因为受访者有勇气分享他们的故事、经历和智慧，我开辟了一条定义我的职业和生活的道路。当我第一次意识到并痛恨接受脆弱和全心投入生活的重要性时，我告诉人们我被自己的数据绑架了。现在，我知道其实我是被它拯救了。

感恩练习

快乐不会让我们心存感恩,但感恩会让我们快乐。

——布拉泽·大卫·斯坦德尔-拉斯特(Brother David Steindl-Rast)

感谢我的文学经纪人乔-琳·沃利和乔安妮·休梅克,谢谢你们对我和我的工作的信任。

感谢我的经纪人默多克·麦金农,你是一名出色的副驾驶。为更多飞机的降落干杯。

感谢我的写作老师兼编辑波利·科赫,没有你,我写不出这本书,太感谢你了。

感谢《哥谭》(Gotham)杂志的编辑杰西卡·辛德勒。感谢你的智慧和洞察力,感谢那天晚上的收留,让我度过了超级有趣的一晚。我觉得认识你是我人生中最幸运的事。

感谢我的出版商比尔·辛克和《哥谭》杂志团队,感谢莫妮卡·贝纳卡扎尔、斯普林·霍特林、皮特·加索、丽莎·约翰逊、安妮·科斯莫斯基、凯西·马洛尼、劳伦·马里诺、索菲亚·穆图拉杰、埃里卡·弗格森和克雷格·施耐德,感谢你们的才华、耐心和热情。

感谢议长办公室的所有工作人员：霍利·卡彻波尔、珍妮·坎佐里尼、克里斯汀·法恩、凯西·格拉斯哥、玛莎·霍斯科、米歇尔·鲁宾诺和金·史塔克。（嗨，大家好！我应该在埃德蒙顿吗？）

非常感谢平面设计师伊兰·摩根，感谢你的才华和艺术眼光，还要感谢艺术家尼古拉斯·威尔顿令人惊叹的作品。感谢文森特·海曼的编辑才华，感谢沃希营销集团的杰梅·约翰逊，感谢你非凡的沟通和联络能力。

感谢那些鼓励我表现自己、勇敢尝试的朋友。他们是吉米·巴茨、内加斯·伯哈努、希费劳·伯哈努、法拉·布兰尼夫、温迪·伯克斯、凯瑟琳·森特、特雷西·克拉克、朗达·迪林、劳拉·伊斯顿、克里斯·埃德希特、贝弗利和奇普·埃登斯、迈克·欧文、弗里达·弗洛伦、彼得·达夫、阿里·爱德华兹、玛格丽塔·弗洛雷斯、珍·格雷、道恩·赫奇皮特、罗伯特·希列克尔、卡伦·霍姆斯、安德里亚·科罗纳·詹金斯、米里姆·约瑟夫、查尔斯·凯利、珍妮·劳森、詹恩·李、珍·莱曼、哈丽特·勒纳、伊丽莎白·莱塞、苏茜·洛雷多、劳拉·梅斯、马蒂·罗斯·麦克多诺、帕特里克·米勒、惠特尼·奥格莱、乔·雷诺兹、凯利·雷·罗伯茨、弗吉尼亚·朗德罗-埃尔南德斯、格雷琴·鲁宾、安德里亚·谢尔、彼得·希汉、艾琳·辛格尔、戴安娜·斯托姆斯、亚历山德拉·德·苏扎、里亚·恩成、卡伦·沃尔隆、杰西·维纳、迈莱·威尔逊、埃里克·威廉姆斯和劳拉·威廉姆斯。

感谢 TEDx 休斯顿的管理人员哈维尔·法杜尔、卡拉·马西尼和蒂姆·德西瓦。谢谢你们信任我，谢谢你们冒险邀请我。

感谢 TED 大家庭。我曾经在 1998 年对史蒂夫说，我的梦想是在全国开展一场关于羞耻感的大讨论。谢谢你们让我梦想成真。感谢克里斯·安德森、凯利·斯策尔、琼·科恩、汤姆·里利、尼古拉斯·温伯格、迈克·伦德格伦，以及整个创意传播团队和梦想创造团队。

感谢我的研究助理萨巴·库恩萨里和尤兰达·维拉里尔，感谢你们的奉献、耐心和辛勤工作。

感谢我们的父母们：迪恩·罗杰斯和大卫·罗宾逊、莫莉·梅和查克·布朗、雅各布纳和比尔·艾利、科克和杰克·克里西。感谢你们一直以来对我们的信任，感谢你们对我们深深的爱，感谢你们对我们的孩子的挚爱，感谢你们教导我们要敢于尝试。

感谢我的兄弟姐妹们：艾希莉和阿玛亚·鲁伊斯；巴雷特、弗兰基和加比·吉伦；詹森·布朗；珍和大卫·艾利。谢谢你们对我的爱与支持，谢谢你们陪我走过的日子，有欢笑，有泪水，也有打打闹闹。

最后，感谢史蒂夫、艾伦和查理，是你们让一切成为可能。我不知道自己为何如此幸运。我爱你们。

参考文献

导言

1. Brown, Brené. (2009). *Connections: A 12-session psychoeducational shame-resilience curriculum.* Center City, MN: Hazelden.

2. Brown, Brené. (2007). *I Thought It Was Just Me (But It Isn't): Telling the Truth About Perfectionism, Inadequacy, and Power.* New York: Penguin/Gotham Books.

3. Brown, Brené. (2007). Shame resilience theory. In Susan P. Robbins, Pranab Chatterjee, and Edward R. Canda (Eds.), *Contemporary human behavior theory: A critical perspective for social work*, rev. ed. Boston: Allyn and Bacon.

4. Brown, Brené. (2006). Shame resilience theory: A grounded theory study on women and shame. *Families in Society*, 87, 1: 43–52.

5. Brown, B. (2010). *The gifts of imperfection: Letting go of who we think we should be and embracing who we are.* Center City, MN: Hazelden.

6. Brown, C.B. (2002). Acompañar: A grounded theory of developing, maintaining and assessing relevance in professional helping. Dissertation Abstracts International,

63（02）.（UMI No. 3041999）.

第一章 匮乏感：审视我们的"永远不够"文化

1. DeWall, C. Nathan; Pond Jr., Richard S.; Campbell, W. Keith; Twenge, J. (2011). Tuning in to psychological change: Linguistic markers of psychological traits and emotions over time in popular US song lyrics. *Psychology of Aesthetics, Creativity, and the Arts* 5, 3: 200–207.

2. Twenge, J., and Campbell, K. (2009). *The narcissism epidemic: Living in the age of entitlement.* New York: Simon and Schuster.

3. Twist, L. (2003). *The soul of money: Transforming your relationship with money and life* (New York: W. W. Norton and Company), p. 44.

第二章 认清对脆弱的误解

1. Aiken, L., Gerend, M., and Jackson, K. (2001). Subjective risk and health protective behavior: Cancer screening and cancer prevention. In A. Baum, T. Revenson, and J. Singer (Eds.), *Handbook of health psychology,* pp. 727–746. Mahwah, NJ: Erlbaum.

2. Sagarin, B., Cialdini, R., Rice, W., and Serna, S. (2002). Dispelling the illusion of invulnerability: The motivations and mechanisms of resistance to persuasion. *Journal of Personality and Social Psychology,* 83, 3: 536–541.

3. Gottman, J. (2011). *The science of trust: Emotional*

attunement for couples. New York: W. W. Norton & Company.

4. Fuda, P., and Badham, R. (2011). Fire, snowball, mask, movie: How leaders spark and sustain change. *Harvard Business Review.* http://hbr.org/2011/11/fire-snowball-mask-movie-how-leaders-spark-and-sustain-change/ar/1

第三章　理解并克服羞耻感（又名"忍者勇士训练"）

1. Kross, E., Berman, M., Mischel, W., Smith, E. E., & Wager, T. (2011). Social rejection sharessomatosensory representations with physical pain. *Proceedings of the National Academy of Sciences,* 108, 15: 6270–6275.

2. June Price Tangney and Ronda L. Dearing. *Shame and Guilt*, New York: Guilford Press, 2002.

Additionally, I recommend this edited volume: *Shame in the Therapy Hour* edited by Ronda Dearing and June Tangney (American Psychological Association, 2011).

3. Balcom, D., Lee, R., and Tager, J. (1995). The systematic treatment of shame in couples. *Journal of Marital and Family Therapy*, 21: 55–65.

4. Brown, B. (2007). *I thought it was just me: Women reclaiming power in a culture of shame.* New York: Gotham.

5. Brown, B. (2006). Shame resilience theory: A Grounded theory study on women and shame. *Families in Society,* 87, 1: 43–52.

6. Dearing, R., and Tangney, J. (Eds). (2011). *Shame in the therapy hour*. American Psychological Association.

7. Dearing, R., Stuewig, J., and Tangney, J. (2005). On the importance of distinguishing shame from guilt: Relations to problematic alcohol and drug use. *Addictive Behaviors,* 30: 1392–1404.

8. Ferguson, T. J., Eyre, H. L., and Ashbaker, M. (2000). Unwanted identities: A key variable in shame-anger links and gender differences in shame. *Sex Roles,* 42: 133–157.

9. Hartling, L., Rosen, W., Walker, M., and Jordan, J. (2000). *Shame and humiliation: From isolation to relational transformation* (Work in Progress No. 88). Wellesley, MA: The Stone Center, Wellesley College.

10. Jordan, J. (1989). *Relational development: Therapeutic implications of empathy and shame* (Work in Progress No. 39). Wellesley, MA: The Stone Center, Wellesley College.

11. Lester, D. (1997). The role of shame in suicide. *Suicide and Life-Threatening Behavior,* 27: 352–361.

12. Lewis, H. B. (1971). *Shame and guilt in neurosis*. New York: International Universities Press.

13. Mason, M. (1991). Women and shame: Kin and culture. In C. Bepko (ed.), *Feminism and addiction,* pp. 175–194. Binghamton, NY: Haworth.

14. Nathanson, D. (1997). Affect theory and the

compass of shame. In M. Lansky and A. Morrison (Eds.), *The widening scope of shame. Hillsdale,* NJ: Analytic.

15. Sabatino, C. (1999). Men facing their vulnerabilities: Group processes for men who have sexually offended. *Journal of Men's Studies,* 8: 83–90.

16. Scheff, T. (2000). Shame and the social bond: A sociological theory. *Sociological Theory*, 18: 84–99.

17. Scheff, T. (2003). Shame in self and society. *Symbolic Interaction,* 26: 239–262.

18. Stuewig, J., Tangney, J. P., Mashek, D., Forkner, P., and Dearing, R. (2009). The moral emotions, alcohol dependence, and HIV risk behavior in an incarcerated sample. *Substance Use and Misuse,* 44: 449–471.

19. Talbot, N. (1995). Unearthing shame is the supervisory experience. *American Journal of Psychotherapy,* 49: 338–349.

20. Tangney, J. P., Stuewig, J., and Hafez, L. (in press). Shame, guilt and remorse: Implications for offender populations.*Journal of Forensic Psychiatry & Psychology.*

21. Tangney, J. P., Stuewig, J., Mashek, D., and Hastings, M. (2011). Assessing jail inmates' proneness to shame and guilt: Feeling bad about the behavior or the self? *Criminal Justice and Behavior,* 38: 710–734.

22. Tangney, J. P. (1992). Situational determinants of shame and guilt in young adulthood. *Personality and Social Psychology Bulletin,* 18: 199–206.

23. Tangney, J. P., and Dearing, R. (2002). *Shame and guilt.* New York: Guilford.

24. Klein, D. C. (1991). The humiliation dynamic. An overview. *The Journal of Primary Prevention,* 12, 2: 93–122.

25. Eagleman, D. (2011). *Incognito: The secret lives of the brain.* New York: Pantheon.

26. Hartling, L., Rosen, W., Walker, M., and Jordan, J. (2000). Shame and humiliation: From isolation to relational transformation (*Work in Progress* No. 88). Wellesley, MA: The Stone Center, Wellesley College.

27. Pennebaker, J. W. (2004). *Writing to heal: A guided journal for recovering from trauma and emotional upheaval.* Oakland: New Harbinger Publications.

28. Pennebaker, J. W. (2010). Expressive writing in a clinical setting. *The Independent Practitioner,* 30: 23–25.

29. Petrie, K. J., Booth, R. J., and Pennebaker, J. W. (1998). The immunological effects of thought suppression. *Journal of Personality and Social Psychology,* 75: 1264–1272.

30. Pennebaker, J. W., Kiecolt-Glaser, J., and Glaser, R. (1988). Disclosure of traumas and immune function: Health implications for psychotherapy. *Journal of Consulting and Clinical Psychology,* 56: 239–245.

31. Richards, J. M., Beal, W. E., Seagal, J., and Pennebaker, J.W. (2000). The effects of disclosure of traumatic events on illness behavior among psychiatric

prison inmates. *Journal of Abnormal Psychology,* 109: 156–160.

32. Pennebaker, J. W. (2004). *Writing to heal: A guided journal for recovering from trauma and emotional upheaval.* Oakland: New Harbinger Publications.

33. Frye, M. (2001) .Oppression. In M. Anderson and P. Collins (Eds.), *Race, class and gender: An anthology.* New York: Wadsworth.

34. Mahalik,J. R., Morray, E., Coonerty-Femiano, A., Ludlow, L. H.,Slattery, S. M., and Smiler, A. (2005). Development of the conformity to feminine norms inventory. *Sex Roles,* 52: 317–335.

35. Shrauger, S., and Patterson, M. (1974). Self-evaluation and the selection of dimensions for evaluating others. *Journal of Personality,* 42, 569–585.

36. Brown, B. (September 30,2002). Reality TV bites: Bracing for a new season of bullies [op-ed]. *Houston Chronicle,* p. 23A.

37. Mahalik, J. R., Locke, B., Ludlow, L.,Diemer, M., Scott, R. P. J., Gottfried, M., and Freitas, G. (2003). Development of the Conformity to Masculine Norms Inventory. *Psychology of Men and Masculinity,* 4: 3–25.

38. Brown, C. B. (2002). Acompañ ar: A grounded theory of developing, maintaining and assessing relevance in professional helping. *Dissertation Abstracts International,* 63 (02) (UMI No. 3041999).

39. Brown, B. (2010). Shame resilience theory. In S. P. Robbins, P. Chatterjee, and E. R. Canda (Eds.), *Contemporary human behavior theory: A critical perspective for social work,* rev. ed. Boston: Allyn and Bacon.

40. Williams, Margery (1922). *The velveteen rabbit.* New York: Doubleday.

第四章　防卫脆弱的"武器库"

1. Neff, K. (2011). *Self-compassion: Stop beating yourself up and leave insecurity behind.* New York: William Morrow.

2. Neff, K. (2003). Self-compassion: An alternative conceptualization of a healthy attitude toward oneself. *Self and Identity,* 2: 85–101.

3. Neff, K. (2003). The development and validation of a scale to measure self-compassion, *Self and Identity,* 2: 223–50.

4. Rubin, G. (2012). *Happier at home: Kiss more, jump more, abandon a project, read Samuel Johnson, and my other experi-ments in the practice of everyday life.* New York: Crown Archetype.

5. Rubin, G. (2009). *The happiness project: Or, why I spent a year trying to sing in the morning, clean my closets, fight right, read Aristotle, and generally have more fun.* New York: Harper.

6. The Centers for Disease Control: *Morbidity and*

Mortality Weekly Report（MMWR）, November 2011: Vital Signs: Overdoses of Prescription Opioid Pain Relievers–United States, 1999– 2008.

7. Miller, J. B., and Stiver,I. P. (1997). *The healing connection: How women form relationships in both therapy and in life.* Boston: Beacon Press.

8. Louden, J. (2007). *The life organizer: A woman's guide to a mindful year.* Novato, CA: New World Library.

9. Brown, B. (July 25, 2009). Time to get off the phone [op-ed]. *Houston Chronicle*, p. B7.

10. Thompson,M. (April 13, 2010). *Is the army losing its war on suicide? Time* magazine.

11. Weiss, D. C. (2009). Perfectionism,"psychic battering" among reasons for lawyer depression. *American Bar Association Journal*.

12. Stratten, S. (2010). *Unmarketing: Stop marketing. Start engaging.* Hoboken: Wiley.

第五章 小心间隙：弥合疏离的鸿沟

1. Deal, T. and Kennedy, A. (2000). *Corporate cultures. The rites and rituals of corporate life.* New York: Perseus.

第六章 破坏性投入：敢于将教育和职场重新人性化

1. Robinson, K. (2011). Second Edition. *Out of our minds: Learning to be creative.* Bloomington,MN: Capstone

Publishing.

2. Deschenaux, J. （2007）. *Experts: Antibullying policies increase productivity.* Retrieved from http://www.shrm.org/LegalIssues/EmploymentLaw

3. Gates, B. (February 22, 2012). Shame is not the solution [op-ed]. *The New York Times.*

4. Tangney, J. P., and Dearing, R. （2002）. *Shame and guilt.* New York: Guilford.

5. Freire, P. （1970）. *Pedagogy of the oppressed.* New York: Continuum.

6. hooks, b. （1994）. *Teaching to transgress: Education as the price of freedom.* New York: Routledge.

7. Saleebey, D. （1996）. The strengths perspective in social work practice: Extensions and cautions. *Social Work,* 41, 3: 296– 306.

8. Godin, S. （2008）. *Tribes: We need you to lead us.* New York: Portfolio.

第七章　全心投入的亲子教育：父母要敢当孩子的榜样

1. *The Oprah Winfrey Show.* Harpo Studios. May 26, 2000.

2. Snyder, C. R. （2003）. *Psychology of hope: You can get there from here,* paperback ed. New York: Free Press.

3. Snyder, C R., Lehman, Kenneth A., Kluck, Ben, and Monsson, Yngve. （2006）. Hope for rehabilitation and vice versa." *Rehabilitation Psychology,* 51, 2: 89– 112.

4. Snyder, C. R. (2002). Hope theory: Rainbows in the mind."*Psychological Inquiry,* 13, 4: 249– 75.

附录 涌现的信任：扎根理论与我的研究过程

1. Glaser, B., and Strauss,A. (1967). *The discovery of grounded theory.* Chicago: Aldine.

2. Glaser, B. (1978). *Theoretical sensitivity: Advances in the methodology of grounded theory.* Mill Valley, CA: Sociological Press.

3. Glaser, B. (1992). *Basics of grounded theory: Emergence versus forming.* Mill Valley, CA:Sociological Press.

4. Glaser, B. (1998). *Doing grounded theory: Issues and discussions.* Mill Valley, CA: Sociological Press.

5. Glaser, B. (2001). *The grounded theory perspective: Conceptualization contrasted with description.* Mill Valley, CA: Sociological Press.

6. Kerlinger,Fred N. (1973). *Foundations of behavioral research.* 2nd edition. New York: Holt, Rinehart and Winston.

7. Glaser, B.,and Strauss, A. (1967). *The discovery of grounded theory.* Chicago:Aldine.